ZHUCHANG
SHENGCHAN
GUANLI SHOUCE

猪场生产管理手册

王志远　苏成文　主　编

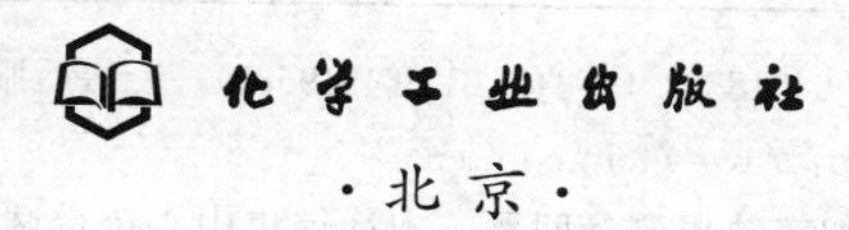

·北京·

图书在版编目（CIP）数据

猪场生产管理手册/王志远，苏成文主编．—北京：化学工业出版社，2016.6

ISBN 978-7-122-26739-9

Ⅰ.①猪…　Ⅱ.①王…②苏…　Ⅲ.①养猪场-生产管理-手册　Ⅳ.①S828-62

中国版本图书馆CIP数据核字（2016）第070912号

责任编辑：彭爱铭　　装帧设计：孙远博

责任校对：王素芹

出版发行：化学工业出版社（北京市东城区青年湖南街13号　邮政编码100011）

印　　装：大厂聚鑫印刷有限责任公司

850mm×1168mm　1/32　印张6¼　字数164千字

2016年6月北京第1版第1次印刷

购书咨询：010-64518888（传真：010-64519686）　售后服务：010-64518899

网　　址：http://www.cip.com.cn

凡购买本书，如有缺损质量问题，本社销售中心负责调换。

定　　价：29.80元

编写人员名单

主　　编　王志远　苏成文

副 主 编　李　涛　孙　霞　曹　雷

编写人员　王志远（山东畜牧兽医职业学院）

苏成文（山东畜牧兽医职业学院）

李　涛（山东畜牧兽医职业学院）

孙　霞（山东畜牧兽医职业学院）

曹　雷（山东畜牧兽医职业学院）

沈美艳（山东畜牧兽医职业学院）

江　科（青岛市畜牧兽医研究所）

徐云华（莱芜市畜牧兽医科研所）

王军一（临沂市畜牧站）

李　峰（山东省滨州畜牧兽医研究院）

王思贵（山东鼎泰牧业有限公司）

赵仁增（夏津新希望六和农牧有限公司）

蔡中峰（菏泽市畜牧站）

李　进（山东省临朐县寺头兽医站）

田和军（青岛新雅农业发展有限公司）

审　　稿　孙金海

宋春阳

吴家强

前言

近十几年来，我国养猪业得到了飞速的发展，特别是在品种改良、猪舍建造、饲料营养等方面有了很大的进步。但猪场的饲养管理还较为粗放，疫病防控措施还不尽合理，猪群的生产潜力还没有得到很好的发挥。为了更好地提高养猪生产水平和经济效益，山东省现代农业产业技术体系生猪产业创新团队携手相关院校专家及现代化猪场技术人员编写此《猪场生产管理手册》，作为猪场生产管理和技术培训的参考资料，以期对广大从业人员有所帮助。

本手册立足于国内养猪产业的实际情况，根据猪场生产岗位的划分，分别编写了养猪生产十个岗位（包括公猪舍、精液检测室、配种妊娠舍、分娩舍、保育舍、生长育肥舍、防疫员、兽医化验员、兽医岗位和物料管理）的工作职责和岗位任务，内容具有科学性、针对性和实用性。另外编写了安全生产教育及各项规章制度，让从业人员在生产实践中从思想上和行动上遵章守纪，注重安全生产，明确岗位职责，掌握各项生产操作技能。

本手册编写过程中得到了山东省现代农业产业技术体系生猪产业创新团队、山东畜牧兽医职业学院及有关猪场各位专家的支持和帮助。青岛农业大学孙金海教授、宋春阳教授及山东省农科院吴家强研究员也在百忙之中参与审稿，在此一并感谢！

由于笔者水平和经验有限，不足之处在所难免，恳请广大同行和读者批评指正。

编　者

2016 年 1 月

目　录

一、岗前培训

(一) 安全生产教育

1. 安全生产心理教育

(1) 思想上重视安全生产 安全生产是为预防生产过程中发生的人身伤害和设备损害等各类事故，保护工作人员在生产中的安全而采取的措施。所有生产过程要在物质条件和工作秩序都符合安全要求的前提下进行，消除或控制生产中的危险因素，保障劳动者安全健康、设备设施免受损坏、环境免受破坏，防止人身伤亡和财产损失等生产事故的发生。

(2) 情感上接受安全生产 各种针对性的技术规范和生产过程中的特殊要求，是生产者在长期的生产实践中总结出来的。每一个员工在上岗前，不仅要认真学习安全生产技术，而且要掌握它，在生产中利用它，还要通过实践来体会和丰富有关安全的措施和理念。

安全生产与员工安危、家庭幸福息息相关。现实生活中，因为生产事故而造成家庭悲剧时有发生。因此，“一人平安，全家幸福”的前提是安全生产。

安全无小事，个人的安危、家庭的幸福、集体的荣誉都来自安全生产，这会促使实习员工建立起良好的情感，确保在工作中做好安全生产。

(3) 意志上坚持安全生产 坚持安全生产，有时会遇到许多问题和困难，因此，必须对员工进行安全生产意志教育，使员工坚信，无论在什么情况下，无论遇到多大困难，安全是第一位的，没有安全就没有一切。

坚持安全生产，要落实安全生产责任制。“安全生产，人人有责”，从场长、技术员到每个员工，在安全生产上都有责任。每个人不但要严格履行自己的安全生产职责，还有权监督其他人做好安全生产。每个员工都要明确安全生产职责，做到自觉地遵守安全生产规章制度，不违章作业，并且要随时制止他人违章作业；积极参加安全生产的各种活动，主动提出改进安全工作的意见；爱护和正确使用机器设备、工具及个人防护用品；保持生产场所的整洁，物品摆放井井有条，保持通道畅通；不在生产场所饮食或吸烟；凡挂有“严禁烟火”“有电危险”“有人工作切勿合闸”等危险警告标志的场所，或挂有安全色标的标记，都应严格遵守，严禁随意进入危险区域，严禁私自乱动各种阀门、电源闸刀等。

维持安全生产秩序，是每个员工应尽的义务。只要每位员工都从思想上重视安全生产、情感上接受安全生产、意志上坚持安全生产，遵规守纪，生产事故就可以避免。

2. 安全生产法规教育

员工上岗前要进行安全生产法规教育，明确自己的权利和义务，增强安全防范意识，避免各种安全事故的发生。

《中华人民共和国安全生产法》于 2002 年 6 月 29 日颁布，2002 年 11 月 1 日施行。2014 年又对该法律进行了修订，修订后的《中华人民共和国安全生产法》自 2014 年 12 月 1 日起施行。其中，第三章规定了从业人员的权利和义务。

第四十九条　生产经营单位与从业人员订立的劳动合同，应当载明有关保障从业人员劳动安全、防止职业危害的事项，以及依法为从业人员办理工伤保险的事项。

生产经营单位不得以任何形式与从业人员订立协议，免除或者减轻其对从业人员因生产安全事故伤亡依法应承担的责任。

第五十条　生产经营单位的从业人员有权了解其作业场所和工作岗位存在的危险因素、防范措施及事故应急措施，有权对本单位的安全生产工作提出建议。

第五十一条　从业人员有权对本单位安全生产工作中存在的问题提出批评、检举、控告；有权拒绝违章指挥和强令冒险作业。

生产经营单位不得因从业人员对本单位安全生产工作提出批评、检举、控告或者拒绝违章指挥、强令冒险作业而降低其工资、福利等待遇或者解除与其订立的劳动合同。

第五十二条　从业人员发现直接危及人身安全的紧急情况时，有权停止作业或者在采取可能的应急措施后撤离作业场所。

生产经营单位不得因从业人员在紧急情况下停止作业或者采取紧急撤离措施而降低其工资、福利等待遇或者解除与其订立的劳动合同。

第五十三条　因生产安全事故受到损害的从业人员，除依法享有工伤保险外，依照有关民事法律尚有获得赔偿的权利的，有权向本单位提出赔偿要求。

第五十四条　从业人员在作业过程中，应当严格遵守本单位的安全生产规章制度和操作规程，服从管理，正确佩戴和使用劳动防护用品。

第五十五条　从业人员应当接受安全生产教育和培训，掌握本员工所需的安全生产知识，提高安全生产技能，增强事故预防和应急处理能力。

第五十六条　从业人员发现事故隐患或者其他不安全因素，应当立即向现场安全生产管理人员或者本单位负责人报告；接到报告的人员应当及时予以处理。

第五十七条　工会有权对建设项目的安全设施与主体工程同时设计、同时施工、同时投入生产和使用进行监督，提出意见。

工会对生产经营单位违反安全生产法律、法规，侵犯从业人员合法权益的行为，有权要求纠正；发现生产经营单位违章指挥、强令冒险作业或者发现事故隐患时，有权提出解决的建议，生产经营单位应当及时研究答复；发现危及从业人员生命安全的情况时，有权向生产经营单位建议组织从业人员撤离危险场所，生产经营单位必须立即作出处理。

工会有权依法参加事故调查，向有关部门提出处理意见，并要求追究有关人员的责任。

第五十八条　生产经营单位使用被派遣劳动者的，被派遣劳动者享有本法规定的从业人员的权利，并应当履行本法规定的从业人员的义务。

3. 安全知识教育

加强员工的安全知识教育，使员工立足本职岗位，从自身做起，自觉遵守劳动纪律和安全操作规程，牢固树立“安全第一”的意识，努力营造安全生产的良好工作氛围，保障各项工作的顺利开展。

(1)“安全生产，人人有责”。所有员工必须认真贯彻执行“安全第一，预防为主”的方针，严格遵守安全技术操作规程和各项安全生产规章制度。

(2) 对不符合安全要求的猪舍、生产线、设备、设施等，员工有权向上级报告。遇有直接危及生命安全的情况，员工有权停止操作，并及时报告领导处理。

(3) 操作人员未经安全教育或考试不合格者，不准参加生产或独立操作。电气、起重、车辆驾驶、锅炉、压力容器、焊接（割）、爆破等特种作业人员，应经专门的安全作业培训和考试合格，持特种作业许可证操作。

(4) 进入作业场所，必须按规定穿戴防护用品。不穿脚趾及脚跟外露凉鞋、拖鞋；不赤脚赤膊；不系领带或围巾；尘毒作业人员在现场工作时，必须戴好防护口罩或面具；在能引起爆炸的场所，不穿能集聚静电的服装。

(5) 操作前，应检查设备或工作场地，排除故障和隐患；设备应定人、定岗操作；对本工种以外的设备，须经有关部门批准，并经培训后方可操作。

(6) 工作中，应集中精力，坚守岗位，不准擅自将自己的工作交给别人；二人以上共同工作时，必须有主有从，统一指挥；工作场所不得打闹、睡觉和进行与本职工作无关的活动；严禁酗酒者进入工作岗位。

(7) 在设备运转期间，不得跨越运转部位传递物件，不得触及运转部位；不得站在旋转工件或可能爆裂飞出物件、碎屑部位的正前方进行操作、调整、检查、清扫设备；装卸、测量工件或需要拆卸防护罩时，要先停电关车；不准无罩或敞开防护罩开车；不准超限使用设备机具；工作完毕或中途停电，应切断电源后才可离岗。

(8) 检修机械、电气设备前，必须在电源开关处挂上“有人工作，严禁合闸”的警示牌。必要时设专人监护或采取防止意外接地的技术措施。警示牌必须谁挂谁摘，非工作人员禁止摘牌合闸。一切电源开关在合闸前应细心检查，确认无人检修时方准合闸。

(9) 一切电气、机械设备及装置的外露可导电部分，除另有规定外，必须有可靠的接零（地）装置并保持其连续性。非电气工作人员不准装、修电气设备和线路。使用手持电动工具必须绝缘可靠，配用漏电保护器、隔离变压器，并戴好绝缘手套后操作。

(10) 行人要走指定通道，注意警示标志，严禁贪近道跨越危险区；严禁攀登吊运中的物件，以及在吊物、吊臂下通过或停留；严禁从行驶中的机动车辆中爬上、跳下、抛卸物品。

(11) 高处作业，带电作业，禁火区动火，易燃或承载压力的容器、管道动火施焊，爆破或爆破作业，有中毒或窒息危险的作业，必须向安技部门和有关部门申报和办理危险作业审批手续，并采取可靠的安全防护措施。

(12) 安全、防护、监测、信号、照明、警戒标志、防雷接地等设施，不得随意拆除或非法占用，消防器材、灭火器具不得随便挪动，其安放地点周围，不得堆放物品。

(13) 对易燃、易爆、有毒、放射和腐蚀等物品，必须分类妥善存放，并设专人管理。易燃易爆等危险场所，严禁吸烟和明火作业。不得在有毒、粉尘作业场所进餐、饮水。

(14) 配电（变电）室、液化气站、发电机房、锅炉房、油库、油漆库、危险品库等要害部位，非岗位人员未经批准严禁入内。在封闭厂房（空调、净化间）作业和夜班、加班作业时，必须安排两人以上一起工作。

(15) 做好生产作业环境的安全卫生；保持厂区、车间、库房的安全通道畅通；现场物料堆放整齐、稳妥、不超高；及时清除工作场地散落的粉尘、废料。

(16) 新安装的设备、新作业场所及经过大修或改造后的设施，需经安全验收后，方准进行生产作业。

(17) 在进行疫苗接种、疾病治疗、去势等工作时，严格按操作规程操作，避免被针头、安瓿瓶、手术刀片等锐利物品刺伤。如有外伤，要立刻清理伤口周围的污物，用75%酒精消毒伤口，再用干净的脱脂棉按压止血，根据伤口大小采用纱布包扎或用创可贴包扎，如伤口较深、较大或血流不止，要及时就医。如果被生锈铁器扎伤，在进行以上处理的同时要及时注射破伤风疫苗。

(18) 在清理粪便、消毒、防疫、转群等工作时禁止跳跃猪栏，以免造成扭伤或摔伤。

(19) 日常工作中禁止粗暴对待猪只，转群要用赶猪板，采精室要设有安全区，以防猪只发怒伤人；如果两头公猪相遇打架，要由多人手持挡猪板挡住猪的头部，隔离公猪，分别赶走，避免近距离用木棒驱赶而被误伤。如果被猪咬伤，要根据伤势做好止血、消毒工作，并及时到医院就诊，注射破伤风疫苗和狂犬疫苗。

(20) 猪舍消毒时，要有适当的防护措施（口罩、手套、防护服、眼罩等）。熏蒸消毒时，人员不能在消毒地点停留，消毒完毕后，通风1～2h再进入消毒地点。

(21) 处理封闭粪沟时，要先分段开盖30min以上，充分释放废气后方可作业，作业完毕后再进行封盖。

(22) 在沼液池、污泥池、刮渣池、好氧池、调节池等水池周围建造护栏并树立警示牌，除专职员工外，其他人员一律不允许靠近废水处理区域。

(23) 猪只有时会携带人畜共患传染病的病原，饲养员在工作期间要穿工作服、工作鞋，接触猪只时要戴手套、口罩等防护品。

(24) 严格交接班制度，重大隐患必须记入记录；下班前必须切断电源、气（汽）源，熄灭火种，检查、清理场地。

(25) 发生生产安全事故要及时抢救，保护现场，并立即报告领导和上级主管部门。

（26）各类操作人员除遵守以上内容外，还必须遵守本工种安全操作规程。

（二）猪场规章制度教育

1. 猪场卫生防疫管理制度

（1）猪场实行封闭式饲养与管理，所有人员、车辆、物品仅能经由猪场大门、生产区大门出入，不得由其他任何途径进入场区。

（2）猪场大门设置专职门卫，负责监督人员、物流的出入及按规定的方式实施消毒。

（3）进场人员均应更换衣服和鞋帽，使用消毒药消毒双手、双足，最好喷雾消毒 20s 后经大门人行入口进入场区，本场车辆返场时应消毒后经由大门消毒池进入。

（4）外来人员、车辆一般不得进入场区内，严禁进入生产区，因特殊需要者，必须经场长批准，按猪场规定程序消毒后，由专人陪同在指定区域内活动。

（5）饲养人员应在车间内坚守工作岗位，不得互相串岗，管理人员因工作需要进入生产车间时，应在车间入口处消毒、更换衣服。

（6）生产区内猪群调动应按生产流程规定有序进行，售出猪只由装猪台装车，严禁运猪车进场装卸猪只，凡已出场猪只严禁运返回场内。

（7）新购进种猪应按规定在隔离舍进行隔离观察一个月，经检疫确认健康并消毒后方可进场混群。

（8）场区内禁止饲养其他动物，严禁将其他动物、动物肉品及其副产品带进场内。

（9）各栋猪舍之间不得共用或相互借用生产工具，更不允许将其外借，不得将场外饲养管理用具带入场区使用。

（10）场内应定期进行卫生彻底清扫，使场区内环境保持清洁卫生。

2. 猪场消毒卫生制度

（1）生活区、办公区、食堂及其周围环境，每月进行2次清扫与消毒。

（2）生产区环境、生产区道路及其两侧6m范围以内及猪舍间空地每周消毒一次。

（3）猪只周转区，包括周转猪舍、转猪台、转猪通道、磅秤及其周围环境，每次转猪或出猪后要大消毒一次。

（4）猪舍大门、生产区及猪舍入口消毒池要定期更换池内药水，并确保池内消毒药的有效浓度。

（5）对猪舍与猪群，每周带猪消毒1～2次。如周边发现疫情，每天消毒1次，并对猪场进行全封闭管理。

（6）进入生产区的车辆必须在大门外彻底消毒，车辆轮胎使用3%火碱溶液清洗消毒。

（7）猪只转群后要立即对空栏进行彻底的清洗、消毒。

（8）母猪从妊娠车间转入分娩舍前，要对母猪进行清洗，消毒后方可进入分娩舍。

（9）传染病流行期间的消毒，消毒药液浓度需要提高，并交替用药，猪舍内隔日一次，猪舍门外、舍内通道撒上消毒剂，进出均要在消毒盆中消毒双脚胶鞋，生产用具使用前后放在消毒池中消毒5min以上。

3. 猪场免疫及标识制度

（1）树立预防为主，防重于治的指导思想。

（2）严格执行消毒制度，严格执行本场猪群免疫程序，建立有效的预防体系。

（3）禁止在场区饲养其他动物。定期对猪场环境、猪舍做好消毒、杀虫、灭鼠工作。

（4）加强对猪群饲养管理，保证饲料和饮水的清洁卫生，增强猪的抵抗力。

(5) 严格执行疫苗使用程序。防疫员预先通知接种时间；饲养员提前一天统计预免疫猪的数量，并投喂 2 天电解多维；饲养员领取疫苗；防疫员如实接种；饲养员监督实施。

(6) 健全后备猪、基础种猪的免疫档案。

(7) 疫苗按说明要求专人负责，冷链保管。

(8) 猪场以自繁自养为主，确需引种时要了解对方当地疫情及有关情况，经确定为健康猪后方能转入生产区。

(9) 商品猪按栋号填写免疫卡。

(10) 定期给猪投喂预防性药物，但免疫期间不能投药（患病猪除外）。

(11) 疫苗出库要详细登记，使用过的废弃物要做无害化处理。

(12) 种猪耳标损坏或丢失要及时补挂，转群时种猪的档案要随之迁转。

(13) 种猪免疫后按耳标登记，填写免疫卡，一年进行两次抗体监测，确保免疫效果。

4. 猪场引种及检疫申报制度

(1) 猪场从外地引种实行申报审批制，逐级申报，由省动物卫生所审批后引种。

(2) 必须从无特定动物疫病区并取得省级种畜禽生产许可证的猪场引种。

(3) 引种过程必须进行动物卫生检疫，并出具证明，到场后报当地动物卫生监督部门检验检疫。

(4) 引种后，隔离饲养 30 天以上并进行必需的免疫和检疫，合格后方可混群。

(5) 定时对场内所有养殖动物进行检疫检测，一旦发现疫情要及时向有关部门报告疫情。

(6) 出售仔猪及其商品猪实行报检制，即向当地卫生监督部门报告，检疫合格并出具证明方可销售。

（7）严格遵守检疫部门相关规定，实行责任到人，延误检验检疫的工作人员，追究相应责任。

5. 猪场疫情报告及病死猪无害化处理制度

（1）检疫员要每天认真填写检疫记录表，发现疫情时要立即报告场长，由场长向动物卫生监督机构或动物疫病预防与控制机构报告，病死猪由动物卫生监督部门监督作无害化处理。

（2）非疫病死亡的个体，由检疫员报告场长，查明原因。在无害化处理区进行监督处理（掩埋或焚烧）。

（3）养殖过程中使用的一次性注射器、药品等要依照相关部门规定做无害化处理。

（4）严禁食用或出售相关待处理品，造成事故者，依照相关规定追究责任。

（5）无害化处理区作业时，必须由指定人员看管，并做好周边地区消毒工作，严防污染环境或疫情传播。

（6）无害化处理后，相关人员要做好处理记录。

6. 猪场用药制度

（1）使用药物前必须仔细阅读说明书，根据病情对症下药。

（2）正确配伍，注意配伍禁忌。

（3）领取药品必须如实登记。

（4）正确计算药物使用剂量，不得低量或超大剂量用药。

（5）严禁对妊娠母猪使用有“孕畜禁用”标识的药品。

（6）激素和剧药要有技术人员指导使用。

（7）配制药品必须在药房内完成，不得在其他地方存放或恣意浪费药品。

（8）医疗器械用完后立即放回原处，严禁在药房外闲置。

（9）药品按性状、种类、用途归类整齐排放，不得乱拿乱放。

（10）工作时要集中精力，避免错拿错用造成不良后果。

（11）对消毒过的医疗器械要认真保存，取用后随即盖好，以防污染，禁止将整盒注射器或针头带入圈舍。

(12) 疫苗专用注射器和常用注射器要分开摆放，不可混用。

(13) 爱护室内卫生，药盒、空瓶、废针、包装袋不得随便丢弃，要放入专用垃圾袋（箱）统一处理。

7. 猪场车间岗位职责

(1) 配种妊娠车间岗位职责

① 每天观察种猪，评估其健康及表现，并给需要使用药物的种猪投放药物或注射治疗。

② 配合分娩舍饲养员把断奶母猪从分娩舍转入配种舍。

③ 按照饲喂计划给所有种猪投放饲料，做好清洁卫生，保持良好的生产环境。

④ 做好种猪的更新淘汰计划，保持种猪良好的年龄结构。

⑤ 按照生产流程，对生产母猪按不同生理阶段分群分类饲养管理。

⑥ 加强种公猪管理，合理利用种公猪。

⑦ 配合分娩舍饲养员，将临产母猪经清洗消毒后转入分娩舍。

⑧ 检查和维修各种设备，做好本舍的各种生产纪录并及时送交统计分析。

⑨ 协助、协调其他猪舍工作，最大限度地提高栏舍利用率。

(2) 产仔哺乳车间岗位职责

① 每天观察猪群的状况和表现。

② 与配种妊娠车间人员合作，计划好临产母猪向分娩舍的周转，确保临产母猪适时进入分娩车间。

③ 保持舍内清洁、卫生、干燥，切实做好每周的消毒工作。

④ 切实做好临产前后母猪的护理和接产工作。仔猪出生后，调整哺乳母猪的带仔数。

⑤ 做好初生仔猪断脐、剪牙、断尾、补充铁剂等工作。

⑥ 观察分娩舍的温度、湿度等，决定是否使用通风、降温、保暖等设备，为母猪和仔猪创造舒适的环境。

⑦ 严格执行免疫程序，给有需要的母猪、仔猪提供医疗服务。

⑧ 有计划地安排母猪断奶，适当提早断奶，提高母猪年生产力。

(3) 保育车间岗位职责

① 在每周的猪群转移之前，要做好对栏舍清洗、消毒和其他必要的准备工作。

② 猪只转入保育舍时，要依大小、强弱、公母作适当的分群，力求同栏猪只尽量均匀。

③ 要保持饲料清洁卫生，堆放饲料的地面要干燥清洁。

④ 根据天气变化和猪只大小做好防暑降温和防冻保温工作，控制好舍内的小气候。

⑤ 每天观察每头猪并分析它的健康表现。

⑥ 严格执行卫生防疫制度和免疫程序，对需要药物治疗的猪只及时治疗。

⑦ 做好必要的记录工作（如疾病处理等），每天检查饮水器，确保正常供水。

⑧ 做好周密的转栏计划，提高生产效率。不浪费饲料。

(4) 生长育肥车间岗位职责

① 生长育肥阶段是终端产品生产的重要时期，直接影响产品的质量优劣和市场价值的高低，饲养人员必须有较强的责任心。

② 按照大小、强弱一致性原则，合理编制饲养群体。

③ 把握好不同体重阶段的营养水平，采用系列化全价配合饲料，自由采食，满足不同群体对营养的需求。

④ 根据生产育肥猪大群管理的特点，注重节约饲料，力求降低饲养成本。

⑤ 创造优良环境条件，促进生长，提高饲料转换效率。

⑥ 加强大群管理，降低死亡率。

⑦ 坚持常规性的场地消毒，做好群体的健康观察、治疗处置和免疫接种工作。

⑧ 积极配合技术员实施畜牧兽医新技术。

8. 防疫员岗位职责

(1) 负责全场的消毒组织工作，并负责场内医疗器械、防疫器械的卫生消毒工作。

(2) 严格执行猪场消毒程序和消毒药品的使用规定，亲自配制消毒液，并对用药名称、配比浓度、消毒对象进行记录。

(3) 严格执行猪场免疫程序，配合技术人员对各种疫苗的免疫效果进行监测。牢固树立“以养为主，防重于治”的理念。

(4) 负责全场的免疫接种工作，并对免疫猪只批次、日龄、头数、免疫日期、疫苗产地、批号、使用剂量等情况，认真填写记录，建立本场免疫档案。

(5) 严格按技术规范使用和保存疫苗。临近失效期的疫苗必须及时报送场长处理。不得使用过期疫苗。稀释后的疫苗要求 2h 内用完，疫苗瓶及剩余的疫苗要集中妥善处理。

(6) 注射器要清洗煮沸消毒后使用，坚决执行一猪一针头制度。

(7) 负责对本场生猪饲养及发病情况进行巡查，做好疫情观察和报告工作，协助当地政府和动物防疫机构开展疫情巡查、流行病学调查和消毒等防疫活动。

9. 防疫员职业守则

(1) 认真学习《中华人民共和国动物防疫法》《动物疫情报告管理办法》《重大动物疫情应急条例》等法律法规，以及口蹄疫、猪瘟、伪狂犬病等猪病的防治技术规范，并将法律法规和管理办法中有关要求应用到猪场防疫工作中，做到知法、懂法、守法、宣传法。

(2) 认真学习动物防疫的知识和技能。熟练掌握动物强制免疫、畜禽标识加挂、免疫档案建立和动物疫情报告等防疫措施的技术技能，能胜任猪场的防疫工作。

(3) 要积极学习和参加培训，掌握动物疫病防控的新技术、新要求和疫病流行的新特点，不断提高疫病防控工作的能力和水平。

（4）认真负责，团结协作，配合场长及相关技术人员做好猪场疫病防控工作。

10. 兽医化验员岗位职责

（1）对猪群进行防疫效果的检查与监测，并出具检测报告。

（2）根据需要对各阶段猪群进行相应的抗体检测并出具检测报告。

（3）根据化验结果协助兽医主管提供技术咨询和服务。

（4）定期对猪场的消毒药进行检查。

（5）根据猪场需要对病原进行初步的分离与鉴定。

（6）负责化验室药品的保管及使用。

（7）负责对化验室仪器和设备的保管和维护。

（8）负责药敏纸片的制备并做药物敏感试验。

（9）负责溶液、试剂的配制和保存。

（10）保持化验室环境的整洁，防止病毒（菌）污染周围环境。

（11）负责处理上级交办的其他任务。

11. 兽医化验员职业守则

（1）严格遵守公司规章制度及《员工守则》。坚持“安全第一，预防为主”的方针。

（2）爱岗敬业，客观、公正。

（3）以精益求精的态度对待工作，通过不断学习提高个人素质。

（4）熟悉本岗位仪器设备、药品性能、技术操作规程和分析误差，从而及时完成化验任务。

（5）提前上岗，穿戴好劳保防护用品，做好准备工作。

（6）每月参加猪场的学习和总结。

（7）拒绝非化验室人员进入化验室，特殊情况除外。

（8）遵守信息保密制度，不得将化验数据外传。

12. 猪场兽医岗位职责

（1）制定猪场的消毒、保健、驱虫、免疫计划，并落实执行。

（2）登记并申报全场药品、疫苗、兽医器械等的采购计划。

（3）做好公猪的去势、病猪的诊断与治疗、病死猪的无害化处理等工作。

（4）制定猪场年度药物保健方案并参与组织实施，定期向相关部门、主管汇报。

（5）不定期开展消毒剂、药物和疫苗的对比试验，筛选出效果确实的消毒剂、药品和疫苗；不定期开展免疫程序的监测试验，不断完善猪场的免疫程序。

（6）制定猪场年度血清检测和药敏试验检测方案与要求，按时按质完成监测数据的统计与分析。

（7）掌握全场猪群的健康动态，定期与场长沟通，反馈猪场养殖过程中存在的问题。协助场长做好生猪疫情观察、报告、预防及治疗工作。

（8）拟定疾病的控制与净化方案，安排猪场进行相关的试验，并定期总结工作。

（9）做好日报表、周报表、月报表的填写。每季度总结猪场在消毒防疫、免疫接种等生物安全方面存在的不足之处。

（10）制订相应的培训计划，每季度至少对员工培训一次相应的兽医知识与技能。

13. 猪场兽医职业守则

（1）具备临床兽医资格，熟悉猪场生产环节。

（2）熟悉常规兽医实验室检测工作流程，能对相应的检测数据进行统计与分析。

（3）熟悉动物疫病防控相关的法律法规，掌握口蹄疫、猪瘟、伪狂犬病等猪病的防治技术规范，严格执行相关法律法规及技术规范。

（4）积极学习和参加培训，掌握动物疫病防控的新技术、新要求和疫病流行的新特点，不断提高猪场疫病防控技术水平。

（5）认真负责，吃苦耐劳，团结协作，配合场长及相关技术人员做好猪场疫病的防控工作。

（6）领导、组织、监督、协调猪场防疫员及化验员履行工作职责。

14. 物料管理制度

为保护财产的安全、完整，加强物料管理，合理利用材料，提高材料利用的效率，特制定本制度。

（1）材料的范围 设备配件、电器配件、兽药疫苗、办公用品、劳保用品、其他材料等。

（2）申请购买

① 场内物料由材料库统一管理、申请、调配、维护和保养，由采购员统一采购。

② 材料库管理员依据生产计划及各类物料消耗、使用周期，每月初给场长和使用部门提供物料存货盘点报告表，并主动配合做好请购计划。杜绝重报漏报和短缺材料、配件事件的发生，避免因等待备件而造成的停产。

③ 每月 25 日将场长签字同意的请购单送交采购员，按采购作业程序办理后，将“请购部门存档联”取回备查。

④ 材料管理员要积极追踪落实超过 20 天的请购计划和超过 3 天的紧急采购，对不能及时采购的备件要主动与采购员协商，克服困难，保障生产需要。

⑤ 专业性强又特别急需的配件、加工件和维修件由需要者填写请购单，报场长签字同意后，自行借款、请车采购，购回后经场长、材料管理员核查验收入库，并填写入库单，即可到财务报销。

⑥ 工作程序如下：

（每月 25 号前）拟定请购计划→需货单位会签→场长审批→采购员询价→存档→本场审批→追踪落实（整个周期需要 20 天）。

(3) 物料进库验收、分别归类存放

① 物料购回后，物料管理员会同需货单位负责人根据请购单、发票和供货合同及所购物品品质等内容验收合格后方可入库。其中一项与所述条款不符，不得入库。若没有签定供货合同，可以在请购单、发票、品质相符的情况下入库，并开具入库单。

② 对质量不佳或型号不符的物料要及时退货，如不能退货，书面报告场长。对货物质量不明者须请示场长后再做处理。

③ 新材料入库后，当日报告场长和使用者，以便及时投入使用。

④ 材料入库后，管理员根据入库单实际入库数量、单价、金额于入库当日或次日 12 时以前登记物料明细账。

⑤ 对入库材料进行分别归类，定位放置，填制卡片或标签(注明品名、产地、何种设备用备件或材料、进货时间、数量、使用情况等)，以便以后领用。

⑥ 每周一（遇节假日顺延）保管员将入库单“材料会计联”交财务部。

⑦ 其工作程序如下：

(物料员、采购员、使用单位负责人）共同验收→填写入库单或退货报告→报告场长→填制卡片、标签。

(4) 物料存放管理

① 将生产用备品备件、办公用品、劳保用品、兽药疫苗、部分其他材料等分区放置，定置管理。

② 根据物品类型和特性，将电器、易碎品、易返潮品等物品分层放置，并挂物品标签，注明品名、规格、数量、进货时间、领用情况等。各分库要求卫生整洁、干燥、防火、防盗、安全、防鼠害。每周进行检查清理。

③ 材料管理人员要钻研材料管理、保养的业务知识，熟悉有关物料的保养特性，避免人为浪费：要对材料库所辖材料进行严格管理，做到数量、规格型号、账、物、卡一致，若丢失或损坏，材料管理人员要做出调查报告上报场长，查不出丢失或损坏的原因由

材料管理人员负责赔偿。

④ 工作程序如下：

物料分类入库→按类悬挂标签→按时检查核对账、物、卡是否相符→查找分析原因。

(5) 物料领用

① 建立生产用配件物料领用卡、个人工具领用卡、劳保用品领用卡。

② 生产用物件，由科班负责人填单，个人工具用品、劳保用品由本人填单，负责人签字后，报场长审批后领取。

③ 生产、维修急需备件，由生产、维修主管签字后可先领用，当日由物料员报场长补批手续（仅限机修生产急需时）。

④ 材料管理员根据当日领料单实领数量、金额、单价于当日（最迟于次日 12 时前）冲减物料分类明细账。

⑤ 每周一（遇节假日顺延）材料保管员将出库单"材料会计联"送交财务。

⑥ 每月 25 号结出物料领用汇总表，分类计出金额以及总金额，于 26 号前报场长和财务部。

⑦ 工作程序如下：

领用人填单（班长或主任）→场长审批→凭单领取→登记账簿→做出领用月报表。

(6) 物料使用、保管、报废

① 物料保管员对领出的物料、工具要进行追踪、询问了解物料的使用质量及损耗情况，并对其做记录。物料、工具在使用过程中应妥善维护和保养，若使用人员疏于保养或操作不当造成损坏，所发生费用视情节轻重，由场部或个人承担，并追究当事人的责任。

② 大型工具从库房借用，原则上不允许个人领用。

③ 普通工具领出时必须记录在"个人工具卡"上。

④ 工具在使用中损坏的，及时交旧领新，并填写报损单，但不在"个人工具卡"上登记。

⑤ 个人登记卡上的工具如果丢失，应作价赔偿。

⑥ 配件领出，在维修工作完成后应交回损坏的配件，并登记配件用途。

⑦ 损坏零件要组织人员进行修复，确已无法修复的做报废处理。

⑧ 领出配件没有使用或没有用完应交回，原则上不允许个人保管配件和物料。

⑨ 领用材料时当事人应当面检查，如不合格应退回库房，材料合格但略磨损要在领料单上签字。

⑩ 属非人为因素的材料损坏，库房将会同维修人员、财务人员共同鉴定予以报损，并依照“交旧领新”的原则予以处理。

15. 生产例会与技术培训制度

(1) 每周末晚上7：00～9：00为生产例会和技术培训时间。

(2) 该会由技术主管主持。

(3) **时间安排** 一般情况下安排在星期日晚上进行，生产例会1h，技术培训1h。

(4) **内容安排** 总结检查上周工作，安排布置下周工作：按生产进度或实际生产情况进行有目的、有计划的培训。

(5) **程序安排** 组长汇报工作，提出问题；生产线主管汇报、总结工作，提出问题；主持人全面总结上周工作，解答问题，统一布置下周的重要工作。生产例会结束后进行技术培训。

(6) 会前组长、生产线主管和主持人要做好准备，重要问题要准备好书面材料。

(7) 对于生产例会上提出的一般性技术性问题，要当场研究解决，涉及其他问题或较为复杂的技术问题，要在会后及时上报、讨论研究，并在下周的生产例会上予以解决。

(8) 凡是生产线的员工、生产技术管理人员均要准时参加生产例会和技术培训。

二、猪舍生产指导书

（一）公猪舍生产指导书

1. 职责与目标

（1） 做好种公猪的饲养管理工作。

（2） 种公猪月死淘率（死亡加非正常淘汰）低于1%。

（3） 生产质优、量足、健康的精液，系谱档案清楚、包装规范。

（4） 每个饲养员饲养60头种公猪，并配合有关人员做好种公猪调教、采精、免疫、疾病诊治等工作。

（5） 做好各项记录、报表以及工作总结。

2. 每天工作程序

见表2-1。

表2-1 每天工作程序

时段		工作内容
上午	7：30～11：30(随季节适当调整)	
	7：30～7：40	巡查猪舍、猪只、设施、设备、水电等情况
	7：40～8：00	放空食槽饮水、清洗食槽等
	8：00～8：30	投喂饲料、充足饮水等
	8：30～10：00	采精等
	10：00～10：40	除粪等清洁卫生工作
	10：40～11：20	种公猪调教、消毒、防疫、疾病诊治等
	11：20～11：30	下班巡视猪舍、猪只、饲料、设施、设备、水电等
下午	14：00～18：00(随季节适当调整)	
	14：00～14：10	巡查猪舍、猪只、设施、设备、水电等
	14：10～14：30	放空食槽饮水等
	14：30～15：00	投喂饲料、充足饮水等
	15：00～17：00	清洁卫生、冲洗猪栏、调栏、种公猪调教、消毒、防疫、疾病诊治等
	17：00～17：40	填写各项工作报表
	17：40～18：00	下班巡视猪舍、猪只、设施、设备、水电等

3. 工作内容

(1) 进入猪舍 到生产区换衣间，经过“脱生活区服装→穿工作服→穿工作鞋→消毒双手→双脚踏消毒池”等程序后，方能进入猪舍工作。

(2) 巡查猪舍及猪只 每天上午、下午的上班后和下班前进行如下巡视工作。

① 巡查猪舍

a. 圈舍 巡查圈舍屋顶、门窗、墙壁等的完好情况。

b. 圈栏 巡查圈栏、地面、漏缝地板等的完好情况。

c. 设施设备 巡查排气扇、吊扇、风机、水帘等的运行情况。

d. 水 巡查水龙头、饮水器出水量、水压等情况。

e. 电 巡查供电、电器设备等的完好情况。

f. 排污系统 巡查排污沟、管排放是否正常。

② 巡查猪只。巡查种公猪采食、饮水、粪尿等情况。

对巡视过程中发现的问题，应尽快解决，暂时不能解决的，及时向主管汇报。

(3) 检查并调整猪舍温度和湿度 察看猪舍温、湿度表，温度控制在18～20℃，相对湿度60%～75%。冬季要及时关闭门窗、封堵孔洞，防止贼风侵袭，夏季要做好防暑降温工作，用好水帘或滴水降温系统。填写公猪舍温、湿度记录表。

(4) 饲喂

① 提前一天做好喂料计划，包括饲料品种、饲喂时间、饲喂量等，报公猪舍主管和场长审核，由库管员发放、叉车工运送至猪舍门口。

② 喂料前清空食槽，倒掉剩余饲料，将食槽清洗干净。

③ 喂料前注意观察饲料颜色、颗粒状态、气味等，发现异常及时报告并加以处理。

④ 种公猪的饲料可参照NY/T 65—2004标准配制，每天每头2.5～3.0kg，分两次饲喂；上午喂总料量的60%、下午喂40%。

另外，种公猪每天的饲喂量还要根据品种、年龄、体重和体况的不同予以调整，保持体况适中，防止过肥或过瘦。

⑤ 投喂饲料后，观察种公猪采食情况，并记录下采食不正常猪只，分析其健康状况及原因。

⑥ 如果需要在饲料中添加药物，需要填写“饲料饮水加药表”，由猪场兽医签字后下达到公猪舍，公猪舍主管或饲养员确认加药比例、加药量，再将药物添加到饲料中拌匀后饲喂。饲料饮水加药表见（七）中表 2-16。

(5) 饮水

① 检查自动饮水器出水量、水压、pH 值等情况是否正常。pH 值控制在 6.5～7.5。

② 如果需要使用食槽进行饮水，在猪只采食完饲料后，及时开启水龙头放入饮用水供猪只饮用。

③ 如果需要在饮水中添加药物，应填写“饲料饮水加药表”，由猪场兽医签字后下达到公猪舍，公猪舍主管或饲养员确认加药比例、加药量，再将药物添加到加药桶中充分溶解后饮用。饲料饮水加药表见（七）中表 2-16。

(6) 采精

① 采精前的准备　采精前要准备好采精栏、假母猪台、消毒过的器械，选定采精用种公猪，确定采精人员。

采精栏在公猪舍内，要求环境安静、避风、向阳、地面平坦不易打滑；假母猪台固定牢固，高矮、宽窄适宜；采精器具、材料由实验室在前一天洗净并高温灭菌，放在 37℃恒温箱预热备用；采精用的公猪应该是经过事先训练调教、习惯爬跨假母猪台、并与生产要求相匹配的公猪；采精员具备熟练的采精技术，采精前剪短磨光指甲，用清洁剂洗净双手。

采精杯的准备：采精杯内衬采精袋，将袋口翻转套住杯口，杯口盖上精液过滤纸或消毒过的四层脱脂纱布，并使其凹下 2cm 左右，用橡皮筋固定后备用。

② 采精时间　采精时间安排在早上 9：00 前进行，并相对

固定。

③ 确定公猪　育种人员根据需要配种的母猪，从育种计划或生产计划中查出相应的公猪耳号。根据育种人员提供的公猪耳号将对应公猪赶至采精栏等待采精。

④ 诱导爬跨　经常采精的种公猪一般会自动爬跨假母猪台，而对于新调教的或个别性欲较差不愿爬跨假母猪的种公猪要诱导其爬跨，方法是慢慢将公猪赶到假母猪台旁，用手或手臂轻轻引导公猪头部压上假母猪台，动作宜轻柔。要长期保持假母猪台上有发情母猪的尿液或阴道分泌物，使其有足够的生物信息刺激公猪爬跨的兴趣。

⑤ 诱导射精　公猪爬上假母猪台后，采精员一只手戴上灭菌的乳胶手套，另一只手持采精杯，蹲于假台猪的一侧，挤出包皮积尿，清洗、消毒公猪包皮及其周围，再用清水洗净，之后用干热灭菌的卫生纸拭干；按摩公猪的包皮部；当阴茎伸出时采精员手心向下轻握阴茎前端的螺旋部分，让龟头露出拳外 0.5cm 左右，趁公猪前冲时顺势将阴茎拉出包皮外，将阴茎的“S”状弯曲慢慢拉直(在公猪前冲时阴茎会自然充分伸展，达到强直“锁定”状态，不必强拉)，此时手指紧握阴茎并呈节奏性施加压力，并用拇指或食指轻轻按摩龟头前端，刺激公猪开始射精；射精过程中不要松手，保持一定压力，压力减轻将导致射精中断；公猪每次射精时间一般为 5～10min；公猪射精完毕后，应顺势将阴茎送入包皮内，避免损伤。

⑥ 精液收集　当公猪射精时，开始排出的是清亮的副性腺液，不收集；之后射出的乳白色精液富含精子，开始收集；最后排出的精液混有胶冻样凝块，附着于龟头处，可用拇指和食指予以清除，不要收集于集精瓶中。多数公猪还会有第二次射精过程，因此在第一次射精结束后，应继续做手握刺激，收集第二次排出的精液。个别公猪会有第三次射精过程。注意在收集精液过程中防止包皮部液体进入采精杯。

⑦ 记录与送检　采精完毕后，用记号笔在集精袋上记录下被采精公猪耳号、采精时间，送到精液检测室进行检测。

⑧ 回赶公猪　公猪射精完毕后，会从假母猪上下来，此时应及时驱赶公猪回自己的栏位。

⑨ 采精频率　9～10 月龄公猪每周采精 1 次，10～12 月龄公猪每周采精 1～2 次，12 月龄以上公猪每周采精 2～3 次。健康公猪休息时间不得超过两周，以免发生采精障碍。公猪患病治愈后，1 个月内不能使用。每头公猪的采精频率最好相对固定。

(7) 清洁卫生

① 清扫粪便　粪便可实行干稀分流，将干粪清理成堆，用专用粪车运至干粪棚，稀粪、尿液等清扫入排污沟。上午、下午各清扫一次，使栏舍及猪体没有粪垢，保持清洁。

② 清洁猪体及栏舍　经常刷拭冲洗猪体，及时驱除体外寄生虫，注意保护公猪肢蹄；每天清扫栏位、走道；每周末猪舍内外彻底清扫一次，清除墙壁、门窗、天花板、灯具、摄像头等设施设备的灰尘、蜘蛛网等，清除各部位的杂草、杂物，整理物品、用具，归类存放，保持清洁卫生。

③ 冲洗栏舍　转出后的空栏要及时冲洗消毒，以备转入新的公猪；冬季每月 15 日、夏季每周对圈舍进行一次彻底冲洗。

④ 灭鼠驱蚊蝇　合理放置灭鼠药，及时堵塞老鼠洞。夏季粪污区定期投放灭蚊药，防止蚊子、苍蝇滋生。

⑤ 规范管理猪舍工具　猪舍内所有工具、水管、记录牌、记录表等能上墙的要在墙上钉挂钩，在指定位置全部整齐挂起来，其他工具摆放整齐有序。

(8) 调栏与补耳标　公猪要根据品种、体重、大小、强弱、数量等因素和饲喂饲料的不同随时调整栏位，以方便饲养管理。巡栏时注意观察种公猪耳标是否松动或掉落，如有脱落及时补上。

(9) 公猪的调教

① 后备公猪达 8 月龄、体重 120kg 以上、膘情良好时即可开始调教。正式配种和采精时，体重应达到 130kg 以上。

② 先将后备公猪放在采精栏（采精室）附近，让其隔栏观摩成年公猪的采精，学习爬跨和提高性欲。之后将其放入采精栏（采精室），

清洗公猪的腹部及包皮部，挤出包皮积尿，按摩公猪的包皮部。

③ 诱发爬跨　将发情母猪的尿液或阴道分泌物涂在假母猪台上，轻轻拍打假母猪台并模仿母猪叫声，引导公猪爬跨；也可以用其他公猪的尿液或口水涂在假母猪台上，诱发公猪的爬跨欲。

④ 上述方法效果不理想时，可赶来一头发情母猪，在母猪身上铺条麻袋，让后备公猪爬跨发情母猪，当其爬上母猪后，在阴茎伸出之前，两人抓住公猪的两耳将其拉下，让其再爬再拉下，这样反复几次，当看到公猪呼吸急促、精神亢奋、性欲达到高潮时，将母猪身上的麻袋提起，挡住公猪，并将母猪赶走后，再用麻袋引导公猪爬上假母猪台，即可进行采精。

⑤ 调教成功的公猪在第一周内每隔 1 天采精 1 次，巩固其记忆，以形成条件反射。对于难以调教的公猪，可实行多次短暂训练，每周 4～5 次，每次 15～20min；如果公猪表现厌烦、受挫或失去兴趣，应该立即停止调教训练。

⑥ 注意事项　任何时候都不要背对公猪；在公猪很兴奋时，要注意公猪和采精员自己的安全，采精栏必须设有安全角；无论哪种调教方法，公猪爬跨后一定要进行采精，不然，公猪很容易对爬跨假母猪台失去兴趣；调教时，不能让两头或以上公猪同时在一起，以免引起公猪打架，影响调教的进行和造成不必要的经济损失；对正在接受采精的公猪不能推，更不能打，让其充分射精；用公猪查情时，需要将正在爬跨的公猪从母猪背上拉下来，这时要小心，不要推其肩部、头部以防遭受攻击；严禁粗暴对待公猪。

（10）查情公猪的选择　查情公猪最好是年龄较大，行动稳重，气味重；口腔泡沫丰富，善于利用叫声吸引发情母猪，并容易靠气味引起发情母猪反应；性情温和，有忍让性，任何情况下不会攻击配种员；听从指挥，能够配合配种员按次序逐栏进行检查，既能发现发情母猪，又不会不愿离开这头发情母猪，而无法继续查情。

（11）填写报表　公猪舍生产情况周报表、公猪采精登记表分别见（七）中表 2-17、表 2-18。

（12）离开猪舍　必须到生产区换衣间，经过“双脚踏消毒池→消毒双手→脱下工作服和工作鞋→洗澡→换上生活区服装”程序后，方能离开猪舍。

(二) 精液检测室生产指导书

1. 职责与目标

(1) 做好采精计划，保证全场发情母猪输精所需精液的正常供应。

(2) 熟悉各种仪器、设施、设备的使用说明和规范，能熟练使用各种仪器、设施、设备、器械。

(3) 准备好每次采精前所需的器械、仪器、设施、设备和精液稀释液。

(4) 做好精液的检测、分装、储藏和保管工作。

(5) 提前做好猪人工授精所用物品采购计划，及时交付生产主管或场长以便采购。

(6) 负责精液检测室内的清洁卫生和设备的日常护理。

(7) 负责填写采精、精液检测、精液储藏、保管等方面的报表，随时跟踪、分析和总结，发现问题及时解决。

(8) 配合配种妊娠舍的工作。

(9) 做好工作总结。

2. 每天工作程序

见表 2-2。

表 2-2 每天工作程序

时段		工作内容
上午	7：30～11：30(随季节适当调整)	
	7：30～7：40	检查精液检测室各种仪器、设施、设备、耗材及水电运转等情况，并开启预热设备，预热需要使用的各种仪器
	7：40～8：10	准备好采精器械，配制精液稀释液

续表

时段		工作内容
上午	8：10～10：30	精液的检测、分装、储藏保管及相关数据的记录、记载等工作
	10：30～10：20	清洁卫生等
	11：20～11：30	下班检查精液检测室各种仪器、设施、设备、水电运转等情况，关闭不使用的各种仪器和设备
下午	14：00～18：00（随季节适当调整）	
	14：00～15：00	检查精液检测室各种仪器、设施、设备、水电运转等情况，并开启预热设备，预热需要使用的各种仪器
	15：00～16：00	完善精液储藏检测及精液使用跟踪分析、总结工作等
	16：00～16：30	准备好采精器械，配制精液稀释液
	16：30～17：00	清洁卫生等
	17：00～17：40	填写各项工作报表
	17：40～18：00	下班检查精液检测室各种仪器、设施、设备、水电运转等情况，关闭不使用的各种仪器和设备

3. 工作内容

（1）进入精液检测室 必须到生产区换衣间，经过“脱生活区服装→换上工作服→穿工作鞋→消毒双手→双脚踏消毒池”等程序后进入生产区，再进入精液检测室的消毒间，经过“换鞋→换工作服→消毒”程序后，方能进入精液检测室工作。

（2）检查工作间

每天上午、下午的上班后和下班前进行如下检查工作。

① 检查水电情况是否正常。

② 查看精液储藏箱温度表的温度。

③ 测量冻精液氮储藏瓶内液氮的高低，以此判断是否需要添加液氮（用木尺测量）。

④ 检查药品、蒸馏水等耗材库存量。

（3）工作前的准备

① 仪器

a. 打开电脑电源及电脑。

b. 打开加热板电源，检查其温度是否设置到37℃，将载玻片、盖玻片进行加热。

c. 打开精子密度检测仪电源，并检测校对值，做好记录。

d. 打开显微镜电源。

e. 打开恒温箱电源，检查其温度是否设置到38℃。

② 生产蒸馏水 蒸馏水生产方法：首先打开初蒸进水阀门，将初蒸锅里面注满水，当溢水杯溢水口有水流出后，推上配电板上的闸刀，拨动运行开关到开的位置，控制板上加热灯亮，表示蒸发锅内进行加热；等到初蒸斜口有蒸汽冒出时，打开重蒸进水阀门，这时重蒸控制板上显示缺水状态；等到开始出蒸馏水后（观察出水状态）调节进水控制阀以获得合适的冷却水进水量，以取得更多的蒸馏水；蒸馏水用灭菌过的瓶子（500mL）收集储藏，每瓶只能装蒸馏水300～400mL，并放置于高压锅进行灭菌；高压锅灭菌气压为0.12MPa左右，灭菌时间为25min左右，自然冷却后取出备用。

③ 配制精液稀释液

a. 根据稀释剂配方配制稀释液 常用稀释剂配方见表2-3。

表2-3 常用稀释剂配方

成分＼类型＼保存天数	3	3
	BTS	KIVE
葡萄糖/g	3.715	6.000
柠檬酸钠/g	0.600	0.370
碳酸氢钠/g	0.125	0.120
EDTA钠/g	0.125	0.370
氯化钾/g	0.075	0.075
青霉素/g	0.060	0.060
链霉素/g	0.100	0.100
蒸馏水加至/mL	100.000	100.000

所用药品要求选用分析纯，对含有结晶水的试剂按物质的量浓度进行换算；按稀释液配方，用称量纸和电子天平准确称取所需药品，称好后装入密闭袋；使用前1h将称好的稀释剂溶于定量的双蒸水中，用磁力搅拌器加速其溶解；用滤纸过滤到三角烧瓶中，贴

上标签，标明稀释液名称、配制时间和经手人；放在水浴锅内预热，以备使用，水浴锅温度设置为38℃。

b. 用成品稀释粉配制稀释液　在内部套有自封袋塑料杯中加入灭菌的双蒸水（要在第一天下班前准备好第二天所要用的蒸馏水），双蒸水温度为37℃，将52g精液稀释剂粉末加入杯中，使其充分溶解。然后将配制好的稀释液放置在温度为37℃的恒温箱中静置1h。

精液稀释液必须在采精之前1h准备好；预先配好的稀释液在4℃冰箱中保存不超过24h，超过储存期的稀释液应废弃。

(4) 检查精液品质

① 整个检查过程要迅速、准确，一般在5～10min内完成，以免时间过长影响精子的活力。精液质量检查的主要指标有精液量、颜色、气味、精子密度、精子活力、畸形精子率等。检查结束后应立即填写“公猪精液品质检查记录表”，每头公猪都应有完善的“公猪精检档案”。

② 检查精液量　从精液传递窗的恒温箱中取出采精杯，移走采精杯，取出精液袋，轻轻混匀精液，用电子秤称量在去皮的容器中的精液重量，并计算体积（1g计为1mL），做好记录。后备公猪的射精量一般为150～200mL，成年公猪为200～500mL。之后，把精液袋放入37℃的容器中，并将精液袋的上端套在容器外围，手指不要碰到精液袋内侧。

③ 观察颜色　用肉眼观察精液的颜色。正常精液颜色为乳白色或灰白色。如果精液颜色有异常，则说明精液不纯或公猪有生殖道病变，凡发现颜色有异常的精液，应弃去不用。同时，对问题精液的公猪进行检查，找出原因及时治疗。

④ 嗅闻气味　正常的公猪精液具有其特有的微腥味，无腐败恶臭气味。有特殊臭味的精液可能混有尿液或其他异物，应弃掉不用，并检查采精时是否有失误，以便下次纠正操作方法。

⑤ 检查精液密度　正常公猪的精子密度为$(1.0\sim3.0)\times10^8$个/mL。检查精子密度的方法常用以下两种：

a. 用精子密度仪测量　用移液管吸出一点精液作为样品，滴入精子密度检测片，将密度检测片外部以向上擦拭的方式擦干净，然后放入精子密度检测仪里测定密度并做好记录。使用方便，检查时间短，准确率较高。

b. 血细胞计数法　用白细胞吸管先吸取原精液至刻度 0.5 和 1.0 处，然后再吸 3%的食盐溶液至刻度 11 处，充分混合均匀，弃去管尖端的精液 2～3 滴。在精子计数板的计数室上放一盖玻片，从白细胞吸管挤出一小滴精液，在盖玻片和计数板之间轻轻一划，精液就会自然充满盖玻片和计数板之间，把计算室置于 400 倍显微镜下对精子进行计数。计数时，以精子头部为准，为避免重复和漏掉，对于头部压线的精子采“上计下不计，左计右不计”的办法。在 25 个中方格中选取有代表性的 5 个（四角和中央）计数，用公式进行计算：1mL 原精液中的有效精子数＝5 个中方格的精子数×5(等于 25 个中方格的精子数)×10(等于 $1mm^3$ 内的精子数)×1000(1mL 稀释后的精子数)×稀释倍数(10 倍或 20 倍)。该法最准确，但速度慢。

⑥ 检查精子活力　每次采精后及使用精液前，都要进行活力的检查。将载玻片放在 38℃保温板上预热 2～3min，使载玻片温度达 37℃。用移液管吸取少量精液放在载玻片上，然后盖上盖玻片，保存后的精液在检查活力时要先在玻片预热 2min。放在显微镜下评估精子活力并做好记录。

精子活力一般采用 10 级制，即在显微镜下观察一个视野内作直线运动的精子数，若有 90%的精子呈直线运动则其活力为 0.9；有 80%呈直线运动，则活力为 0.8；依次类推。新鲜精液的精子活力以高于 0.7 为正常，稀释后精液的精子活力以高于 0.6 为正常；当活力低于 0.6 时，则弃去不用。

⑦ 检查精子形态　取一块干净的载玻片，在载玻片的一端滴一滴染色剂，在染色剂旁边滴一滴精液（原精液或稀释后的精液），染色剂与精液的比例是 2∶1。用吸管将两者小心混匀，用一块盖玻片的一条边蘸取适量混合液，然后沿着载玻片轻推或轻拉，使混

和液在载玻片上均匀铺开，盖上盖玻片，用油镜观察精子形态并做好记录。

（5）稀释精液

① 精液稀释头份的确定　人工授精时，正常剂量一般不少于40亿个精子/头份，体积为80mL。假如一份公猪的原精液量150mL，密度为2×10^8个/mL，则此公猪精液可稀释150×2÷40≈7头份，需加稀释液量为：80×7－150＝410mL。

② 测量精液和稀释液的温度，调节稀释液的温度与精液基本一致（两者相差1℃以内），必须以精液的温度为标准来调节稀释液的温度，不可逆操作。

③ 将精液移至2000mL大塑料杯中，将稀释液沿杯壁缓缓加入精液中，轻轻搅匀或摇匀。

④ 如需高倍稀释，先进行1∶1低倍稀释，1min后再将余下的稀释液缓慢加入，使精子有一个适应过程。

⑤ 精液稀释后静置5min，之后进行活力检查。如果活力下降必须查明原因并加以改进。

⑥ 混合精液的制作　将两头或两头以上公猪的精液进行稀释，从每份精液中各取一小部分混合起来。5min后，检查精子活力，如果精子活力下降则不能制作混合精液，如果活力没有下降，则可以把温度略高的精液倒入温度略低的精液内，制成混合精液。

⑦ 洗涤用具　完成稀释后，将使用过的烧杯、玻璃棒及温度计等，及时用蒸馏水洗涤，并进行高温灭菌，放入干燥箱中备用。

（6）分装精液

把稀释后的精液轻轻混匀，然后分装到输精瓶中，每一瓶装80mL左右，将输精瓶盖盖上，排出瓶中空气，将瓶盖拧紧。贴上标签，注明公猪的品种、耳号以及采精时间。

（7）精液的保存

① 分装好的精液在22℃左右室温下放置1～2h进行降温平衡，之后放入17℃（变动范围16～18℃）的精液储藏箱中。存放时，不同品种精液应分开放置，以免拿错精液。精液瓶应平放，以防精

子沉淀聚集。储藏箱中放置灵敏温度计，随时检查其温度。

② 查看精液 从精液放入储藏箱开始，每隔 12h，打开储藏箱，小心摇匀精液一次（轻轻上下颠倒摇匀），防止精子沉淀聚集造成精子死亡。一般可在早上上班、下午下班时各摇匀一次，并做好摇匀时间和人员的记录。

③ 储藏箱应一直处于通电状态，除查看精液和取放精液外，尽量减少储藏箱开门次数，防止频繁升降温度对精子的冲击。保存过程中，要随时观察储藏箱内温度的变化，出现温度异常或停电，必须普查储存精液的品质。

④ 精液一般可保存 3～7 天。

(8) 运输精液

① 传送精液到猪舍或办公室时，将精液装在便携式精液储藏箱中，箱内温度控制在 17～18℃。如果要长途运输，必须使用车载式 17～18℃精液储藏箱。

② 在猪舍内使用的精液运输箱不应该离开猪舍，精液运输箱是专用的，当精液到达目的地后，要迅速地把精液从精液运输箱里取出来放进精液储藏箱。

③ 不要将精液暴露在紫外光下。

④ 始终轻柔地搬运精液。公猪的精子十分脆弱易碎，过多搅动，会使精子的头和尾分开，失去受精能力。

(9) 整理与清洁精液检测室

① 处理精液前要确保操作台清洁且干燥才能使用。

② 处理完精液后，一定要关掉所有的设备以便清洁。

③ 处理完精液后就对显微镜和可再利用物品进行清洁。

④ 取出精子密度仪的载物板，用擦镜纸蘸取蒸馏水擦拭，不要使用酒精清洁精子密度仪。

⑤ 把操作台上所有的脏东西，用肥皂水擦洗，然后用干纸巾擦拭，以确保所有的渣滓都清理干净。

⑥ 打扫、清洗完设备仪器后，将水槽清理干净并擦拭。

⑦ 清扫地板、拖地、倒掉垃圾，在擦拭操作台前做好这些事。

⑧ 每周擦洗一次所有的精液储藏箱、干燥箱等设备。

⑨ 清洗检测片时将里面的东西吹出来，然后自然干燥，不要用酒精清洗检测片。如果检测片上用于检测的部分起雾、刮伤或没有样品却有读数时就要丢掉，每块检测片可以用4次。

⑩ 采精杯要先用热肥皂水清洗，再用消毒过的水冲洗，然后用酒精喷雾消毒，用纸巾把里面擦干，最后自然晾干。

(10) 填写报表 公猪精液品质检查记录表、精液稀释记录表、公猪精检档案分别见（七）中表2-19、表2-20、表2-21。

(11) 离开精液检测室 先在精液检测室的消毒间换下工作服，再到生产区换衣间，脱掉工作服、工作鞋→换上生活区服装后离开猪舍。

（三）配种妊娠舍生产指导书

1. 职责与目标

(1) 做好种猪饲养管理（包括后备母猪、妊娠母猪、断奶母猪等），使其膘情良好，保持合适的种用体况，使母猪能正常发情、配种、妊娠以及提供足够数目的临产母猪，满足分娩舍生产目标的要求。

(2) 按计划完成每周配种任务，保证全年均衡生产。确保完成月平均分娩胎数。

(3) 保证配种分娩率在85%以上。

(4) 保证窝平均产活仔数初产母猪10头，经产母猪11头以上。

(5) 种猪死淘率小于0.2%。

(6) 在生产定额上，每个饲养员饲养管理150头种猪，并负责种猪查情、配种、免疫、诊治等工作。

(7) 协助分娩舍饲养员把断奶母猪从分娩舍赶入配种舍，配合分娩舍饲养员，将临产母猪经清洗消毒后赶入分娩舍。

(8) 做好记录及报表，做好工作总结。

2. 每天工作程序

见表 2-4。

表 2-4 每天工作程序

时段		工作内容
上午	7：30～11：30(随季节适当调整)	
	7：30～7：40	巡查猪舍、猪只、设施、设备、水电等
	7：40～8：00	放空食槽饮水、清洗食槽等
	8：00～8：30	投喂饲料、饮水等
	8：30～9：10	除粪等清洁卫生工作
	9：10～10：40	查发情、配种等
	10：40～11：20	消毒、防疫、疾病诊治等
	11：20～11：30	下班巡视猪舍、猪只、饲料、设施设备、水电等
下午	14：00～18：00(随季节适当调整)	
	14：00～14：10	巡查猪舍、猪只、设施、设备、水电等
	14：10～14：30	放空食槽饮水等
	14：30～15：00	投喂饲料、充足饮水等
	15：00～15：40	除粪、冲洗猪栏等清洁卫生工作
	15：40～17：00	查发情、查返情、配种、妊检、调栏、消毒、防疫、疾病诊治等
	17：00～17：40	填写各种报表
	17：40～18：00	下班巡视猪舍、猪只、设施设备、水电等

3. 工作内容

(1) **进入猪舍** 参照（一）公猪舍生产指导书。

(2) **巡查猪舍及猪只** 每天上午、下午的上班后和下班前进行如下巡视工作。

① 巡查猪舍 参照（一）公猪舍生产指导书。

② 巡查猪只 巡查后备猪、断奶母猪及妊娠母猪的采食、饮水、粪尿等情况，及时发现精神不振、跛行、子宫阴道炎等患病猪只以及发情的猪只。

在以上巡视过程中发现的问题，能解决的立即解决，不能及时解决的做好记录，及时向配种妊娠舍主管、场长汇报。

(3) 调整猪舍温湿度 察看猪舍温湿度表，温度控制在15～18℃为宜。猪舍内温度低到猪只聚堆时，需关好门窗，作好保暖升温工作，冬季要防止贼风侵袭；猪舍内温度较高（达30℃以上），对猪只进行冲洗，配合开启风机降温，夏季要做好防暑降温工作，用好湿帘或滴水降温系统。

(4) 喂料

① 头一天做好第二天的喂料计划，包括饲料品种、饲喂时间、饲喂量等，报猪舍主管和场长审核，由库管员发放、叉车工运输至猪舍门口。

② 喂料前清空食槽，倒掉剩余饲料，将食槽清洗干净。

③ 喂料前检查饲料质量，观察颜色、颗粒状态、气味等，发现异常及时报告并加以处理。

④ 根据母猪的生理状态和各阶段体况调整饲喂量，各阶段的饲料可参照NY/T 65—2004标准配制。

a. 配种区母猪（配种前7天至配种期间） 后备母猪饲喂后备母猪料，2.5～3.0kg/d，每天饲喂2次；断奶母猪可喂哺乳料，2.5～3.0kg/d，每天饲喂2次，体况差者可适当加料；推迟发情的断奶母猪增加饲喂量，3.0～4.0kg/d。

b. 返情检查区母猪（配种后至配种后21天） 母猪配种后，即将饲喂量降至每天每头1.8～2.2kg，不能过多饲喂影响胚胎附植。

c. 妊娠区母猪（配种后21天至分娩前1周） 将妊娠期分为妊娠前期、妊娠中期、妊娠后期三个阶段，并对每一个阶段的妊娠母猪定期进行体况评估，根据母猪的不同妊娠阶段和不同体况进行合理饲喂。母猪各阶段饲喂量参照表2-5。

表2-5 母猪各阶段饲喂量参照表

妊娠阶段	饲料类型	每天每头喂料量/kg
配种至妊娠21天	妊娠前期料	1.8～2.2
妊娠21～80天	妊娠前期料	2.0～2.5
妊娠80天至分娩前1周	妊娠后期料	2.8～3.5

⑤ 母猪的采食量与饲料营养水平、环境温度高低呈负相关。应根据母猪的品种、生理阶段、体重和体况的不同，酌情增减每天的饲料投喂量，保持母猪体况适中，不能过肥或过瘦。

⑥ 投喂饲料后，要观察种猪采食情况，将吃不完的饲料清理到需要饲料的种猪食槽内，并记录下采食不正常猪只，分析其健康状况及原因。

⑦ 不喂发霉变质饲料。

⑧ 如果需要在饲料中添加药物，需要填写“饲料饮水加药表”，由猪场兽医签字后下达到配种妊娠舍，配种妊娠舍主管或饲养员确认加药比例、加药量，再将药物添加到饲料中拌匀后饲喂。饲料饮水加药表见（七）中表 2-16。

(5) 饮水

① 检查自动饮水器出水量、水压、pH 值等情况是否正常。pH 值控制在 6.5～7.5。

② 如果需要使用食槽进行饮水，在猪只采食完饲料后，及时开启水龙头放入饮用水供母猪饮用。

③ 如果需要在饮水中添加药物，首先彻底清洗加药桶，并填写“饲料饮水加药表”，由猪场兽医签字后下达到配种妊娠舍，配种妊娠舍主管或饲养员确认加药比例、加药量，再将药物添加到药桶中充分溶解后饮用。饲料饮水加药表见（七）中表 2-16。

(6) 诱情与查情

① 挑选诱情与查情公猪　从公猪舍挑选性情温驯、气味大、口中泡沫多的公猪作为诱情与查情公猪，赶到配种妊娠舍对后备母猪、断奶母猪实施诱情与查情工作。

注意：诱情与查情公猪要经常更换，不能固定一头公猪进行诱情与查情，让母猪有接触更多公猪的机会，以适应不同母猪对不同公猪的喜爱，提高诱情效率和查情准确率。

② 诱情与查情人员　查情至少需要 2 人以上才能有效实施，一人驱赶公猪，一人（或几人）进行查情。

③ 诱情与查情方法　用栏猪板将诱情与查情公猪赶至配种妊

娠舍与后备母猪、断奶母猪隔着猪栏有鼻对鼻的直接接触机会，查情人员在母猪后部逐头检查。

④ 检查发情（返情）情况

一查母猪静立反射情况　发情母猪对公猪敏感，公猪接近、公猪叫声和气味都会引起母猪反应，表现为眼睛发呆，尾巴翘起、抖动，头向前倾，颈部伸直，耳朵竖起（直耳品种），推之不动，喜欢接近公猪；性欲高潮时会主动爬跨其他母猪，引起其他猪惊叫；此时查情人员对母猪背部、耳根、腹侧和乳房等敏感部位进行触摸、按压，会表现呆立不动，甚至查情人员坐在母猪背部母猪也会不动。

二查母猪阴门变化　发情母猪阴门肿胀，其颜色变化为白粉→粉红→深红→紫红；其状态为肿胀→微缩→皱缩。根据母猪阴门颜色、肿胀变化鉴定发情程度：颜色粉红、肿胀明显时配种尚早；颜色紫红、皱缩非常明显时配种时机已过；最佳配种时机为颜色深红、肿胀稍消退、有稍微皱褶时。

三查母猪阴门内液体　发情后，母猪阴门内常流出一些黏性液体，初期似尿，清亮；盛期颜色加深为乳样浅白色，有一定黏度；后期为黏稠略带黄色。根据母猪阴门内黏液的黏度和颜色鉴定发情程度：掰开阴户，用手捏取黏液，如无黏度为太早；如有黏度且能拉成丝、颜色为浅白色时配种正好；如黏液变为黄白色，黏稠时，已过了最佳配种时机，这时多数母猪会拒绝配种。

四查母猪外观　发情母猪活动频繁，特别是其他猪睡觉时该猪仍站立或走动，不安定，喜欢接近人，食欲稍有减退，排粪、排尿频繁。

⑤ 做好标记　通过查情，对已发情的母猪用记号笔在母猪背上做发情标记专用符号，以利识别和进行配种。

⑥ 注意事项　所有猪场工作人员对猪的态度应温和，严禁粗暴对待猪只；日常饲养管理中可进行口令和触摸等亲和训练，训练使之性情温顺，便于以后人与猪、猪与猪、公猪与母猪的接触；训练猪只良好的吃、喝、拉、睡生活规律；注意人员安全。

⑦ 药物催情 将不发情母猪报告配种舍主管，征得同意后注射催情药物，如PG600或孕马血清等。

(7) 配种

① 选配 进一步确认发情母猪及其耳标号，报告给育种人员，育种人员根据育种方案和生产需求确定与之相配的公猪，并反馈给配种技术员。

② 准备配种器械 准备配种车，其中有已准备好的精液储藏箱、输精管、润滑剂、卫生纸、彩色蜡笔或彩色喷漆、垃圾桶、记录表格、记录笔等。经产母猪用海绵头输精管，后备母猪用尖头输精管。

③ 提取精液 配种人员从猪精液检测室的精液储藏箱中提取相应公猪精液（精液从17℃冰箱取出后不需升温，可直接用于输精）。

④ 准备试情公猪 从公猪舍将试情公猪赶至待配母猪栏前，使母猪在接受输精时与公猪有口鼻接触的机会，以此提高配种母猪的兴奋度，使其容易受孕。

⑤ 输精

a. 清洁母猪外阴污物，用消毒剂消毒母猪外阴部，再用清水冲洗干净，最后用一次性纸巾擦干。

b. 从密封袋中取出无污染的一次性输精管（手不准触其前2/3部），检查海绵头是否松动，在海绵头周围涂一圈对精子无毒的润滑油。如果在插入输精管的过程中母猪出现排尿、排粪现象，不准再向生殖道内推进输精管，及时更换另一根输精管。

c. 将输精管与母猪阴门成45°角斜向上插入母猪阴门内，插入10cm后，抬平输精管与母猪阴道基本平行，缓慢插入母猪生殖道内，当感觉到有阻力时再稍用力，直到感觉输精管前端被子宫颈锁定，轻轻回拉不动为止，扔掉输精管包装袋。

d. 从精液储存箱中取出精液瓶，检查精液瓶上的标签，再次确认是否与待配母猪耳号相匹配。

e. 轻轻摇匀精液，掰断（或剪断）密封口，将精液瓶嘴接上输精管，轻压输精瓶，确认精液能流出，用针头在瓶底扎几个小孔

（无法扎孔时，当精液瓶内精液输送到一定程度需要将精液瓶从输精管拔出，使精液瓶吸取空气回到充盈状态下再与输精管接上输精），让精液缓慢流入母猪生殖道内。

f. 输精的同时，按摩母猪乳房、外阴或侧腹，或按压母猪背部，使母猪产生性兴奋，有利于精液进入子宫，绝不允许将精液挤入母猪的生殖道内。

g. 通过调节输精瓶的高低来控制输精时间，一般 3～5min 输完，最快不要低于 3min。

h. 当发现精液吸入得快、精液出现倒流时要迅速将输精瓶降低，以此减缓精液输入的速度，减少精液倒流。

i. 输完后在防止空气进入母猪生殖道的情况下，用精液瓶上的输精管塞堵住输精管（或将输精管后端折起塞入输精瓶中），让其留在生殖道内慢慢自动滑落，以防精液倒流。

j. 输精操作分析

输精评分的目的在于如实记录输精时具体情况，便于以后在返情失配或产仔少时查找原因，制定相应的对策，在以后的工作中作出改进的措施，输精评分分为三个方面三个等级。

站立发情：1 分（差），2 分（一些移动），3 分（几乎没有移动）。

锁住程度：1 分（没有锁住），2 分（松散锁住），3 分（持续牢固紧锁）。

倒流程度：1 分（严重倒流），2 分（一些倒流），3 分（几乎没有倒流）。

输精评分报表见表 2-6。

表 2-6 输精评分报表

与配母猪	日期	首配精液	评分	二配精液	评分	三配精液	评分	输精员	备注

为了使输精评分可以比较，所有输精员应按照相同的标准进行评分，且单个输精员应做完一头母猪的全部几次输精，实事求是地填报评分。具体评分方法：例如一头母猪站立反射明显，几乎没有移动，持续牢固紧锁，一些倒流，则此次配种的输精评分为 3、3、2，不需求和。

⑥ 配种次数　母猪的一个情期内应配种或输精 2～3 次，两次配种或输精之间的时间间隔为 8～12h。但是，只要在进行母猪查情时，从静立反射程度、阴门肿胀程度和颜色变化、阴门内黏液黏稠度和颜色变化、外观变化均出现适宜配种征兆，即应实施配种，不能呆板地、单纯地以配种次数来确定是否配种。

⑦ 输精结束后，立即填写配种记录。

⑧ 配种完毕后收集好输精管，集中处理。

⑨ 禁配情况　断奶后 3 天内发情的母猪不配种；流产母猪第一个情期不要配种；预淘汰的母猪不配种。

⑩ 母猪深部输精技术　深部输精又称为子宫颈后人工输精，与常规子宫颈内授精相比，在将常规输精管插入子宫颈皱褶后，再插入一个细的和半软的输精内管，它比常规输精管长 15～20cm，可以通过子宫颈皱褶进入子宫体。采用子宫深部输精技术，输精量可减少近一半，不影响母猪的受胎率和产仔数。母猪深部输精技术操作如下。

a. 在进行母猪深部输精操作时，每人连续操作，10 头母猪为一组，依次从 1～10 头开始操作。

b. 用水依次冲洗 10 头母猪的外阴、尾根及臀部，再用消毒剂消毒母猪外阴部，之后用清水冲洗干净，最后用一次性纸巾擦干。

c. 从深部输精管前端打开密封袋，在输精管前端涂上润滑剂，依次将深部输精管插入母猪阴道。操作时，将深部输精管向上倾斜 45°，并按逆时针方向旋转，直至子宫颈口锁住输精管，先不要去掉输精管包装袋，以防止粉尘、细菌污染输精管。

d. 依次去掉输精管包装袋，取出一次性深部输精瓶，将瓶嘴拧到深部输精管上，左手扶着输精管防止输精管脱落子宫颈口，用力挤压输精瓶，将精液送入母猪体内。

e. 如果精液没有回流，按顺时针方向旋转拔出输精管，填写配种记录。

f. 注意事项　深部输精时，待配母猪不需要接触公猪，而且在输精前 1h 不能与公猪有任何接触；输精时要确保严格的卫生操作；深部输精最好不用于后备母猪；上班查情时，先查深部输精过的母猪，不用人为刺激以自然静立为主，以确定是否再次输精，之后检查断奶母猪；进行深部输精操作的员工需要良好的培训。

(8) 妊娠诊断

① 返情检查

a. 做好配种后 16～24 天内的复发情检查工作。妊娠诊断最普通的方法是根据配种后 16～24 天是否出现发情，其方法是，将配种后的母猪与空怀待配母猪饲养在同一栋猪舍中，在对空怀母猪进行查情同时，每天对配种后 16～24 天的母猪进行返情检查，如不返情，可认为母猪已经受孕。

b. 做好配种后 38～45 天的第二次返情检查。配种后 38～45 天复查如仍不返情，其妊娠诊断的准确性会进一步提高。

② 妊娠母猪外观表现。在正常情况下，配种 28 天以后，已经怀孕的母猪会出现以下一些变化：食欲增加与膘情变好；被毛顺滑，皮肤滋润；外阴苍白、皱缩；随着胎儿的增大，母猪的腹围会增大，通常在妊娠 60 天左右时，腹部隆起已经较为明显，75 天以后，部分母猪可见有胎动，随着临产期的接近，胎动会越来越明显。母猪妊娠后，性情会变得温和，行动小心，与其他母猪群养时，会小心避开其他母猪。

③ B 型超声诊断

a. 操作方法　将母猪赶至限饲栏，不需保定，母猪侧卧、趴卧或站立均可以操作。用湿毛巾擦除母猪腹部的粪便等污物。母猪站立时在探头上涂布耦合剂，侧卧与趴卧时在探查部位涂布耦合剂。将探头紧贴母猪腹部倒数第 2 对乳头外 5～10cm 处皮肤，探查到膀胱后，向耻骨前缘、骨盆腔入口方向，或向对侧后上方各 45°角方向，进行前后和上下的定点扇形扫查。随妊娠日龄的增长，探查部位逐渐前移。

b. 结果判定　未孕子宫角位于膀胱前后方和前下方，膀胱内的积尿对超声波不产生反射，其声像图呈较规则的暗区。未妊娠子宫壁对超声的反射弱，其断面的声像图呈各种不规则圆形的弱反射区，子宫角外膜的反射也不强。

在配种后的第18～35天，妊娠母猪子宫内能非常清楚地看到孕囊，大小随着妊娠期的延长而增大。妊娠18天的母猪子宫内可以探查到1～3个孕囊呈液性暗区，位于膀胱暗区的前下方，孕囊体积较小，为圆形或椭圆形，暗区的直径不到1cm，内含早期胎水，量少。妊娠20天的母猪孕囊呈椭圆形的液性暗区，直径1～2cm，边缘不平滑。妊娠23天的母猪子宫内孕囊为多个不规则圆形或椭圆形的暗区，直径2～3cm，边缘不平滑，部分可以探查到胚斑，呈椭圆形低强回声光团或光斑。妊娠25天探查到多个不规则形状的孕囊，直径3～4.5cm，可以探查到椭圆形低强回声的胚斑。妊娠28天探查到多个不规则形状的孕囊，直径4～5cm，胚斑显出胎儿固有的轮廓，胎头、躯体及四肢逐渐开始发育。妊娠35天不但可以探查到孕囊，而且可以探查到胎体，直径6～10cm。胎儿骨骼反射增强，出现一闪一闪的胎动，增强的骨骼出现声影。

c. 注意事项　定期检查探头线缆、插座及声窗部位；在连接或拔掉探头时，一定要先关掉主机；妥善保护好探头，避免在使用时探头跌落至地板或坚硬地面；不要碰撞探头、声窗或加热B超探头，否则极易损坏；不要弯曲或者拉拽B超探头线缆，否则极易造成线缆内部出现断线；使用耦合剂时只涂抹在探头头部部位，测试完后要清洗干净（用干布或者纸巾，不能用水）；探头清洁时，要仔细检查探头的声窗、外壳、线缆和防水护套，如发现有裂痕或者破损等情况应立即停止使用。

(9) 淘汰

① 经检测猪瘟抗原为阳性的；

② 连续三次返情，并经过药物技术处理仍不受孕的；

③ 繁殖胎龄在7胎及以上的以及连续两胎产仔数低于7头的；

④ 连续两胎习惯性流产的母猪；连续两胎产死胎的；

⑤ 缺乏母性或有异食癖的；

⑥ 累计两次配种不孕的；

⑦ 患有严重的子宫内膜炎、肢蹄疾病、身体瘦弱、久病不愈的母猪；

⑧ 后备母猪到10月龄不发情，或者断奶后母猪不发情、发情间隔超过三个情期的（经各种方法诱导和使用药物无效）；

⑨ 连续2胎次或累计3胎次哺乳仔猪成活率低于60%的经产母猪；

⑩ 育种要求淘汰的。

(10) 清洁卫生

① 清扫粪便　清扫粪便可实行干稀分流，将干粪清理成堆，用专用粪车运至干粪棚，稀粪、尿液等清扫入排污沟。上午、下午各清扫一次，使栏舍及猪体没有粪垢，保持清洁。

② 清洁猪体　经常刷拭冲洗猪体，及时驱除体外寄生虫，注意保护母猪肢蹄。

③ 清洁猪舍　每天清扫栏位、走道；每周末猪舍内外彻底清扫一次，清除墙壁、门窗、天花板、灯具、摄像头等设施设备的灰尘、蜘蛛网等，清除各部位的杂草、杂物，整理物品、用具，归类存放，保持清洁卫生。

④ 清洗临产母猪　将妊娠107天的怀孕母猪猪体进行集中清洗：用水清洁、温度适宜，刷去母猪全身脏物及粪便，关键部位是阴门周围，四肢下腹，尤其是乳房；用2%碘伏或1‰季胺盐溶液消毒阴门周围，四肢下腹，乳房等关键部位；消毒完毕后再用清水冲洗，待干燥后转入分娩舍。

⑤ 冲洗栏舍　转出后的空栏要及时冲洗消毒，以备转入新的母猪；冬季每月15日、夏季每周对圈舍进行一次彻底冲洗。

⑥ 灭鼠驱蚊蝇　合理放置灭鼠药，及时堵塞老鼠洞。夏季粪污区定期投放灭蚊药，防止蚊子、苍蝇滋生。

⑦ 规范管理猪舍工具　猪舍内所有工具、水管、记录牌、记

录表等能上墙的要在墙上钉挂钩，在指定位置全部整齐挂起来，其他工具摆放整齐有序。

(11) 调栏与补耳标

① 接猪　根据生产需要和安排，与分娩舍和后备舍配合，接受从分娩舍和后备舍转入的种猪。

② 调群　配种妊娠舍划分为配种区和妊娠区，根据生产计划和配种、妊娠进展情况，一是将分娩舍、后备舍转入的母猪放置于诱情、查情、配种区域；二是将已经配种、妊娠 25 天以上、经过妊娠诊断确定怀孕的母猪调整到妊娠区；三是将妊娠舍流产、返情等妊娠中止的母猪调整至诱情、查情、配种区域；四是对个别生病的、其他需要特殊照顾的猪只也要调整至相对集中区域，加以精心照料。对所有调栏的猪只，要以周、月为节律，将配种、分娩时间相对集中的妊娠母猪集中调整到一定区域饲养，便于管理，但对配种 21 天内的母猪不要轻易转动。对妊娠母猪大圈饲养的，要做好猪只的调教工作，使其具备良好的定点排便习惯，提高工作效率。

③ 转群　将妊娠 107 天的妊娠母猪转至分娩舍待产，将分娩舍转来需要淘汰的母猪及时淘汰处理。

④ 补耳标　巡栏时注意观察种母猪耳标是否松动或掉落，如有脱落及时补上。

(12) 填写报表　种猪配种情况周报表、配种妊娠舍周报表、种猪死亡淘汰情况周报表、妊娠母猪失配情况周报表、怀孕母猪免疫清单分别见（七）中表 2-22、表 2-23、表 2-24、表 2-25、表 2-26。

(13) 离开猪舍　参照（一）公猪舍生产指导书。

(四) 分娩舍生产指导书

1. 职责与目标

(1) 做好分娩舍猪群（包括待产母猪、哺乳母猪、哺乳仔猪）

的饲养管理，使哺乳母猪体况良好，哺乳仔猪生长发育良好、体格健壮、整齐度好，断奶体重大。

(2) 平均窝产活仔数初产母猪 10 头、经产母猪 11 头以上。

(3) 分娩舍活仔猪死淘率小于 6%。

(4) 哺乳母猪死淘率小于 1%。

(5) 负责哺乳母猪以及哺乳仔猪的免疫、诊治等工作。

(6) 配合配种妊娠舍饲养员把待产母猪赶入分娩舍，把断奶母猪从赶入配种舍。

(7) 做好记录及报表，做好工作总结。

2. 每天工作程序

见表 2-7。

表 2-7　每天工作程序

时段		工作内容
上午	7：30～11：30(随季节适当调整)	
	7：30～7：40	巡查猪舍、猪只、设施、设备、水电、灯具等情况
	7：40～8：40	清洗食槽等
	8：40～9：20	投喂母猪饲料、乳猪饲料、饮水等
	9：20～10：00	除粪等清洁卫生工作
	10：00～10：50	育种、调栏、寄养、断尾、阉割、打耳标等
	10：50～11：20	注射补铁剂、消毒、防疫、疾病诊治、断奶等
	11：20～11：30	下班巡视猪舍、猪只、饲料、设施设备、水电等，对饲料欠缺的补加饲料
下午	14：00～18：00(随季节适当调整)	
	14：00～14：10	巡查猪舍、猪只、设施、设备、水电、灯具等情况
	14：10～14：30	补加饲料等
	14：30～15：00	除粪、冲洗猪栏等清洁卫生工作
	15：00～15：50	育种、调栏、寄养、断尾、阉割、打耳标等
	15：50～17：00	注射补铁剂、消毒、防疫、疾病诊治、断奶等工作
	17：00～17：40	填写各种报表
	17：40～18：00	下班巡视猪舍、猪只、设施设备、水电等，对饲料欠缺的补加饲料

产仔舍除白天工作外，需要安排人员值夜班，解决夜间母猪产

仔问题。

3. 工作内容

(1) 进入猪舍 参照（一）公猪舍生产指导书。

(2) 巡查猪舍及猪只 每天上午、下午的上班后和下班前进行如下巡视工作。

① 巡查猪舍 参照（一）公猪舍生产指导书。

② 巡查猪只 巡查哺乳母猪及哺乳仔猪的采食、饮水、哺乳、粪尿等情况，及时发现精神不振、跛行、子宫阴道炎、下痢等患病猪只。

a. 清除各种死猪（胎）、木乃伊、胎衣，并将其运至统一指定地点。

b. 检查乳房 对产后 1 周以内的母猪、厌食和乳头红肿的母猪、所带仔猪有下痢或生长不良的母猪作乳房检查，看是否有坚硬、红肿、发热等症状，判断是否有乳房炎，并及早采取治疗措施。

c. 检查阴道 看有无不正常的阴道排泄物和肿胀的外阴；检查胎衣是否排尽，未排尽的要作阴道及子宫检查。

d. 对食欲较差或厌食的母猪作全面检查。

e. 留意正在分娩的母猪，看是否需要助产；检查未分娩的母猪，是否有分娩征兆；检查是否有产后无奶、乳房炎和子宫炎等现象。

f. 检查哺乳仔猪有无腹泻，如有腹泻应分析原因，并及时对症治疗。

g. 观察仔猪的活动情况，及时做好保暖、疾病防治等工作。

在以上巡视过程中发现的问题，能自己解决的立即解决，不能及时解决的做好记录，及时向分娩舍主管、后勤组长、场长汇报。

(3) 调整猪舍温湿度

① 分娩舍温度控制 分娩后 1 周 27℃，2 周 26℃，3 周 24℃，4 周 22℃；湿度控制在 65%～75%。猪舍内温度低到猪只感到寒

冷，挤成一堆时，需关好门窗，做好保暖升温工作，冬季要防止贼风侵袭；猪舍内温度较高（达 30℃以上），可对母猪进行冲洗，并开启风机降温，夏季要做好防暑降温工作，用好湿帘或滴水等降温系统。

② 保温箱温度　初生时 34℃，仔猪体重 2kg 时 30℃，仔猪体重 4kg 时 29℃，仔猪体重 6kg 时 28℃，仔猪体重 6kg 以上至断奶 27℃，断奶后 3 周 24～26℃。

(4) 产仔舍的准备

① 产仔舍执行全进全出制度。

② 冲洗和消毒产仔舍。在每次仔猪断奶时，将母猪、仔猪转出，按以下程序冲洗和消毒产仔舍：

a. 将剩余饲料、药品、记录牌等禁水物品清理干净。

b. 移开可移动的设施设备，彻底清扫房顶、墙壁、门窗、地面、走道及分娩栏的污物。

c. 用塑料包好电源插座，用水浸泡润湿应冲洗干净的地方，之后，用高压冲洗器认真冲洗整个产仔舍（包括走道、水泥地面或漏缝地板、排污沟、分娩栏及保温箱、料槽、常用工具等），分娩栏、保温箱、料槽等猪群接触到的地方用硬质刷子逐一刷洗，直到除掉污物。

d. 舍内干燥后，用 2%～3%火碱溶液喷洒消毒整个产仔舍。

e. 待火碱溶液干燥后，用高压冲洗器将舍内残留的火碱冲洗干净。

f. 再等舍内干燥后，关闭产仔舍门窗，用 0.5%过氧乙酸按每立方米产仔舍 20～30mL 的量进行气雾消毒，或用 2%～3%过氧乙酸按每立方米产仔舍 0.75～1.0g 的量进行熏蒸消毒，密闭 24h。

g. 打开产仔舍门窗通风干燥，之后关闭门窗，等待进猪。

(5) 接受临产母猪前的准备

① 产仔舍门前的消毒池（盆）内加入消毒液。

② 再一次清洗干净母猪和仔猪料槽。

③ 准备好所有用具，如保温箱、红外线灯、电热板、母猪垫

板、记录卡等设备和用具用品。

④ 挂好干湿球温度计，调整产仔舍温湿度，使温度控制在18～25℃，相对湿度控制在50%～80%。

⑤ 调试通风设备，确保运转正常。

⑥ 准备好哺乳母猪饲料，检查自动饮水器确保水流充足。

(6) 接纳临产母猪

① 接纳配种妊娠舍已经清洗干净的临产母猪。检查母猪耳号，核对母猪记录卡。

② 帮助妊娠舍饲养员赶猪，赶猪过程中不允许使用暴力，赶猪要慢，防止母猪因应激造成的早产和死胎。

③ 按母猪妊娠时间依次安排栏位，便于母猪分娩时依次接产。

④ 进猪后及时设置好手盆及脚盆，手盆中添加百毒杀溶液(1∶400比例)，脚盆使用浓度为2%～3%火碱溶液，每天更换消毒液，确保手盆、脚盆内无杂物。

⑤ 进猪后4h内，向妊娠舍饲养员索取对应的母猪档案卡，并逐头进行核对。

(7) 分娩前母猪的饲养管理

① 饲喂技术

a. 进入分娩舍的母猪按照胎次、膘情、食欲等情况灵活调整饲喂量，分娩前3天逐渐减少饲喂量。哺乳母猪的饲料可参照NY/T 65—2004标准配制。

b. 初产母猪维持需要量略低，分娩前4～7天，每天饲喂3.2kg，分两次饲喂，每次1.6kg；分娩前1～3天，每天减量0.6kg，分娩前1天饲喂2kg，每天饲喂两次。

c. 经产母猪维持需要量较高，分娩前4～7天，每天饲喂3.6kg，分两次饲喂，每次1.8kg；分娩前1～3天，每天减量0.8kg，分娩前一天饲喂2kg，每天饲喂两次。

② 管理技术

a. 再次检查母猪耳号，核对母猪记录卡，确认预产期。

b. 检查母猪膘情，并进行评分，结合胎次确定母猪饲喂量。

c. 检查母猪健康状况，注意有无跛行、后肢无力或伤残的母猪，有无食欲不振或体温升高的母猪，有无便秘严重的母猪，发现问题，及时处理。

d. 检查乳房充盈程度，注意有无损伤、肿胀，并记录乳头数量，确定母猪的带仔数。

e. 必要时，产前7天对母猪有针对性地进行药物保健。

f. 安装仔猪防压护栏，检查保温设备是否正常。

g. 经常观察母猪，出现临产时，用温热的0.1%高锰酸钾水清洗消毒母猪腹部、乳房及外阴部，并将分娩栏清洁干净，打开分娩栏的仔猪保温设备。

(8) 母猪产仔时间的判断

① 观察母猪乳房的变化　产前15～20天，母猪乳房开始由后部向前部逐渐膨大下垂，其基部在腹部隆起，呈两条带状，乳房皮肤发紫红亮，两排乳头“八”字形向两外侧张开。

产前2～3天，母猪乳房可挤出清亮乳汁，产前6h左右，可挤出黏稠、黄白色乳汁，也有个别母猪产后才能挤出。

② 观察母猪外阴部的变化　产前3～5天，母猪外阴部开始红肿下垂、松弛。母猪尾根两侧出现凹陷，这是骨盆开张的标志。

③ 观察母猪呼吸次数　产前一天，母猪呼吸次数可达54次/min左右，产前3～4h，呼吸次数可达90次/min左右。

④ 观察母猪行为的变化　临产母猪神经敏感，烦躁不安，停止采食。产前2～5h，母猪排粪尿次数明显增加。产前0.5～1h，母猪躺下，出现阵缩，阴门流出淡红色羊水，很快就要分娩。

母猪产前表现与距产仔时间的关系见表2-8。

表2-8　母猪产前表现与距产仔时间的关系

母猪产前表现	距产仔时间	母猪产前表现	距产仔时间
阴户红肿，尾根两侧下陷	3～5d	母猪不安，时常起卧	8～10h
前排乳房挤出乳汁	1～2d	呼吸加快(90次/分)	4～6h
中间乳房挤出乳汁	12～24h	躺下，四肢直伸	10～90min
后排乳房挤出乳汁	4～6h	阴户流出血样液体	1～20min

(9) 母猪分娩前的准备工作

① 预热仔猪保温箱　母猪分娩前1～2天，要打开电热板或红外线灯，使仔猪保温箱内温度达到35～37℃。

② 准备好接产用具　母猪分娩前1天左右，应准备好接产用具：母猪记录卡、剪刀、干净擦布、秤、结扎线、5%碘酊、高锰酸钾溶液或洗必泰、来苏尔、肥皂、毛巾、脸盆、注射器、催产素、抗生素、耳号钳、断齿钳、液体石蜡等。

③ 接产人员的准备　接产人员穿好工作服，将手指甲剪短并磨平，先用肥皂洗净双手，再用2%来苏尔溶液消毒双手。

(10) 接产操作

① 母猪出现临产征兆后，接产员每次离开时间不超过20min。

② 用消毒液（如宝维碘、百毒杀等）清洗临产母猪的乳房、外阴部及尾部，并挤出乳房中的前几滴乳。

③ 在保温箱中铺上垫布或撒上密斯陀，并保证箱内温度32～35℃。

④ 仔猪出生后，先用毛巾擦净仔猪口鼻中的黏液，然后用毛巾或密斯陀擦干全身，使其干爽。如果仔猪包在胎膜中，立即把仔猪取出，再擦干全身，之后将仔猪放在保温箱的红外线灯下照射10～15min，烘干后将其取出辅助吃奶。

⑤ 救助假死仔猪

a. 出生后有心跳但不能呼吸的仔猪称为假死仔猪。

b. 救助时，先用手指掏净仔猪口鼻中的黏液，再进行救助。

c. 人工呼吸法　使仔猪四肢向上，双手分别握住仔猪的头部和臀部，一屈一伸，反复操作直至仔猪发叫声为止。

d. 拍打法　倒提仔猪，用手拍打仔猪背部，直至仔猪发叫声。

⑥ 断掉仔猪脐带。将脐带中的血液挤到仔猪体内，在距离腹部5cm处用手将脐带拧断或用剪刀剪断，用手掐断时，离小猪腹部一只手将脐带固定住，防止伤害小猪。断头用5%碘酊消毒，如有出血用细线结扎后消毒。

⑦ 称量仔猪重量，检查乳房数，做好产仔记录。

⑧ 出生时有八字腿的仔猪，用布条或胶布把八字腿绑到与肩同宽的位置，使之慢慢恢复正常。

(11) 助产操作

① 难产　母猪排出羊水、强烈努责后 1～2h 仍无仔猪产出或产仔间隔超过 20min。母猪难产时要及时进行人工助产。

② 助产操作方法

a. 母猪侧卧时，在乳房边缘上部一掌处从腹部开始顺着产道方向往后捋，促使仔猪进入产道。与此同时，按摩乳房，促进分娩和催产素的释放。

b. 初产母猪或老龄母猪收缩力不强，注射催产素 10～20IU，注射后继续观察 30min。母猪注射催产素后收缩力增强，大约 15min 后便会有仔猪产出。如果注射催产素后母猪努责不明显，30min 后没有产出仔猪，再注射一次催产素。

c. 注射催产素无效时进行掏产。用无刺激性消毒剂消毒母猪外阴、臀部及尾巴，再用清水清洗干净。操作者将手指甲剪短、磨平，戴上一次性助产手套，涂上润滑剂，手掌心向上，五指并拢，随着子宫收缩规律慢慢伸入产道内。手臂进入产道时要循序渐进，不能强行进入，并确保手臂和母猪之间不要有任何障碍。根据胎位抓住仔猪适当部位，若仔猪正生时，用四指抠住上颌；若仔猪倒生时，抓住仔猪两条后腿；若胎位不正时，先矫正胎位；若两头仔猪挤入产道，推回 1 头，拉出 1 头；若膀胱积尿导致难产，则先行导尿再助产。随着母猪的努责和阵缩慢慢拉出仔猪，动作轻缓，用力均衡。拉出仔猪后及时擦掉口鼻黏液，帮助仔猪呼吸。

③ 助产后的护理

a. 助产结束后，再次用消毒剂消毒母猪外阴、臀部及尾巴。母猪胎衣排出后，用 1% 聚维酮碘溶液 200mL 冲洗子宫，促进滞留胎衣排出，防治产道擦伤感染。2h 后用消过毒的推进器将 1 枚安宫康推入母猪宫颈内或注入 50mL 宫炎净。

b. 注射长效抗生素（长效阿莫西林或长效土霉素），隔日加强 1 次。

c. 产后出现阴道炎或子宫炎的母猪的护理方法如下。

冲洗子宫：使用0.1%高锰酸钾溶液500mL或1%聚维酮碘溶液500mL冲洗母猪子宫，每天冲洗1次，连续3天。

注射缩宫素：冲洗1h后，在母猪外阴部注射缩宫素20IU，促进子宫收缩，排除炎性分泌物。

注射抗生素：给母猪肌肉注射青霉素、链霉素等抗生素，每天注射1～2次，连续3天。

(12) 分娩后母猪的饲养管理

① 饲喂技术

a. 母猪分娩后6h内不喂饲料，只饮麸皮盐水汤，以防止母猪产后口渴和母猪便秘。6h后，如果母猪有食欲，饲喂0.5kg饲料。

b. 母猪分娩后1～6天，逐渐增加饲喂量，每天增加1.0kg饲料，至第6天达最大饲喂量。

c. 母猪分娩后7天至断奶，保持最大饲喂量。

d. 母猪每天饲喂4次，间隔时间要均匀。分娩后母猪饲喂时间见表2-9。

表2-9 分娩后母猪饲喂时间

饲喂次数	第一次饲喂	第二次饲喂	第三次饲喂	第四次饲喂
饲喂时间	6：00～6：50	10：30～11：20	16：00～16：50	20：00～20：50

e. 每天清理料槽一次，保证槽内饲料干净。

f. 观察母猪采食情况，对不吃料的母猪要及时赶起，促其吃料，并测量体温，出现问题及时处理。

g. 对于便秘母猪，在饲料中添加大黄苏打片，每天每头5～10g，或添加芒硝，每天每头3～5g。夏季，在母猪饲料中添加1.0%的小苏打提高采食量。无乳或少乳母猪要及时应用药物催乳。

② 分娩舍母猪饲喂方案

a. 母猪饲喂量要根据分娩舍温度、母猪胎次、膘情、食欲及带仔数灵活调整，哺乳母猪的饲料可参照NY/T 65—2004标准配制。分娩舍母猪饲喂方案见表2-10。

表 2-10 分娩舍母猪饲喂方案

平均饲喂量/(kg/d) 阶段 类型	分娩前4～7天	分娩前1～3天	分娩后1～6天	分娩后7～14天	分娩后15～21天	分娩后21～28天
初产母猪	3.2	2.0	3.5	5.5	5.8	5.8
经产母猪	3.6	2.0	4.0	6.5	6.8	6.8

b. 分娩舍母猪饲喂方案制定参数

分娩舍标准温度20℃：温度增加或降低1℃，采食量降低或增加83g。

母猪带仔数10.5头：若带仔数增加或减少1头饲喂量可增加或减少400g。

③ 供给充足、洁净的饮水

a. 随时供应母猪清洁、新鲜饮水，水温10～20℃。

b. 饮水器安装于母猪饲槽上方，距漏缝板高65cm，水流量2～3L/min。

④ 饲喂母猪注意事项

a. 母猪的饲喂量要逐步减少或逐渐增加，避免骤减或突增。

b. 母猪的饲喂时间要固定，禁止私自更改饲喂时间。

c. 如果正常饲喂情况下有剩料，首先查看母猪饲喂量和饮水器流量（2L/min以上），如无问题，再测量母猪体温，如体温升高，应及时治疗。母猪不同时期的正常体温见表2-11。

表 2-11 母猪不同时期的正常体温

分娩前	分娩后24h	分娩后1周至断奶	断奶后1天
38.7～39.0℃	39.7～40.0℃	39.2～39.5℃	38.5～38.8℃

⑤ 管理技术

a. 母猪分娩结束后，用温热的0.1%高锰酸钾溶液清洗消毒母猪臀部及外阴，用消毒的湿毛巾擦洗腹部及乳房，清洁并消毒分娩栏。

b. 保持产仔舍内干燥、清洁，控制舍内温度为15～22℃，保持通风良好，空气新鲜，阳光充足，减少舍内噪音，避免大声呼喊，严禁粗暴对待母猪。

c. 经常检查乳房和乳头，发现损伤及炎症及时治疗。初产母猪要使所有的乳头都能均匀利用，防止未被利用的乳房萎缩。

d. 将分娩1周后的母猪，每天赶到舍外自由活动1h，促进食欲，增进健康。

e. 每天清扫过道，清理其他杂物，清理料槽内剩料。随时清扫母猪粪便，保持分娩栏清洁。

f. 每天两次观察母猪群，发现问题，及时处理。

g. 确定断奶母猪的数量，填写母猪档案卡，记录每头母猪的产仔日期和断奶日期，记录每头母猪的产仔数、断奶数，寄养、收养、采食、泌乳、防疫及异常情况。

h. 将断奶母猪数量报给配种舍，以便配种舍准备配种栏并及时接纳断奶母猪。

i. 将断奶母猪转入配种舍。赶猪通道要干净干燥，道路畅通，路口封闭。赶猪时动作要轻缓，严禁粗暴、鞭打母猪。夏季要在早上或晚上凉爽时间转猪，冬季要在中午转猪。如果出现母猪应激，应采取用转猪车转猪，或稍作休息后再转猪。

j. 将没断奶母猪安排在一起，集中空出的分娩栏，进行清洗消毒，便于接纳下批待产母猪。最好采用“单元式”产房，实行“全进全出”制度。

k. 转猪后，及时清扫赶猪通道，清理其他杂物，清理料槽内剩料，没有污染和霉变的饲料转其他地方使用。及时将剩余的药物上交药房，将注射器等器械清洗干净并送至药房高压消毒。清点红外线灯、电热板、料槽等的数目并检查损坏情况，做好记录。检查水管和自动饮水器有无漏水现象，若有漏水，及时维护或更换。

(13) 哺乳仔猪的护理

① 吃好初乳

a. 如母猪分娩时比较安静，将擦干全身的仔猪放到母猪乳房上吃乳；如母猪分娩时不安静，先将仔猪放入保温箱，待母猪产完后，用0.1%高锰酸钾溶液消毒母猪腹部及乳房，并挤掉每个乳头的最初几滴乳，再将所有仔猪放到母猪腹部吃乳，注意照顾好每一头仔猪。

b. 用记号笔标识正在吃初乳的仔猪。

c. 30min 后，把吃好初乳的仔猪放在保温箱内，让剩下的仔猪吃饱，然后再让所有仔猪回到母猪身边。

d. 虚弱的仔猪可以用收集的初乳灌服，收集初乳时，每个乳头挤乳不应超过 5mL。

e. 吃过初乳后适当寄养调整，尽量使仔猪数与母猪的有效乳头数相等，防止未使用的乳头萎缩。

② 仔猪的保温

a. 仔猪出生后经过必要的处理后放入保温箱内，箱内悬挂红外线灯或设置电热板供温，温度控制在 32～35℃。

b. 保温区的温度可以通过选择不同功率的红外线灯和调节红外线灯的高度来调节，如 250W 的红外线灯，在产仔舍温度 20℃时，距地面 40～50cm，可使仔猪活动区温度保持在 35℃。

c. 注意观察仔猪的睡觉状态，根据仔猪的睡觉姿势来调节红外线灯的高低。如果红外线灯高度太低而使仔猪区温度过高，仔猪感觉到太热，会跑到保温箱外面；如果红外线灯高度太高而使仔猪区温度过低，仔猪就会扎堆。

③ 寄养仔猪

a. 需要寄养的情况　一窝仔猪数多于有效乳头数时，一窝中有些仔猪很难竞争到乳头时，母猪无乳或泌乳量低时，母猪乳头暴露不良时，一窝仔猪整齐度差、不均匀时，哺乳中后期掉队仔猪也可以寄养。

b. 奶妈母猪的选择　健康，泌乳量高，有效乳头数多，母性良好，不易压死或咬死仔猪；选择侧卧时下排乳头有效暴露的母猪；优先选择二胎、三胎母猪做奶妈猪，根据乳头数带仔，7 对乳头可带仔猪 12 头；8 对乳头以上可带仔猪 14 头；注意母猪乳头的构造，体重较小的仔猪寄养给较小乳头的母猪，体重较大的仔猪寄养给稍大乳头的母猪；出生体重小、体格弱的仔猪优先选择乳头低的母猪，出生体重大、体格健壮的仔猪选择乳头高的母猪；不要使母猪带仔数超过所拥有的乳头数。

c. 寄养仔猪的选择　仔猪出生 24h 后寄养，保证吃好初乳；将寄入的仔猪与原窝的仔猪在保温箱中混群 30min 后，再把全部仔猪放到母猪跟前吃乳，防止母猪闻出仔猪气味差别；尽量保证窝的完整性，只把小部分寄养；处于疾病状态（如气喘、腹泻等）的仔猪不要寄养，防治疾病的传播和扩散；尽可能保持顺寄，即先出生的仔猪往后出生的窝中寄养，要挑体重小的寄养，以避免仔猪体重相差较大，影响体重小的仔猪发育。若后产的仔猪向先产的窝里寄养时，要挑体重大的寄养；哺乳中后期寄养时，母猪产期应尽量接近，最好不超过 3～4 天。

④ 剪牙

a. 仔猪产出后 12～24h 内剪掉乳齿。

b. 用左手抓握住仔猪的额头部，并用拇指和食指用力捏住仔猪上下颌的嘴角处，将仔猪嘴巴捏开，然后用右手持断齿钳在齿龈上方，将上、下、左、右各两枚牙齿全部剪断。

c. 剪掉 2/3，保留 1/3，要剪平整，不可扭转或拉扯，避免伤及牙龈、牙床，以防止出血。

⑤ 断尾

a. 把断尾钳放在离尾根 2～2.5cm 的部位，钳口平滑面背对尾根。

b. 稍施力轻轻压一下，再往尾稍移动 2mm，用力轧下，切断尾巴。

c. 用 5％碘酊对尾巴断端进行消毒。

d. 若断尾出血，可以用烧烙法止血，也可以在出血端涂密斯陀止血。

e. 如用电热断尾钳，首先把电热断尾钳加热 5～10min，等达到适合的温度，把猪尾巴放在断尾钳半圆口中，之后将尾巴在钳子面子大的地方烫一下，钳片的高温可以使伤口快速结痂，防止感染。

⑥ 仔猪的编号

a. 留种的仔猪要进行编号，以便记录其生长发育、生产性能等情况。

b. 用耳号钳在猪的耳朵上剪出缺口或小洞，一个缺口或一个小洞代表一个数字，把一头猪耳上缺口或小洞代表的数字加起来，便是这头猪的耳号。

c. 可以采用“左大右小，上一下三”的编号方法，即仔猪的右耳上部一个缺口代表1，下部一个缺口代表3，耳尖缺口代表100，中间圆孔代表400；左耳，上部一个缺口代表10，下部一个缺口代表30，耳尖缺口代表200，中间圆孔代表800。仔猪耳号编制方法见图2-1。

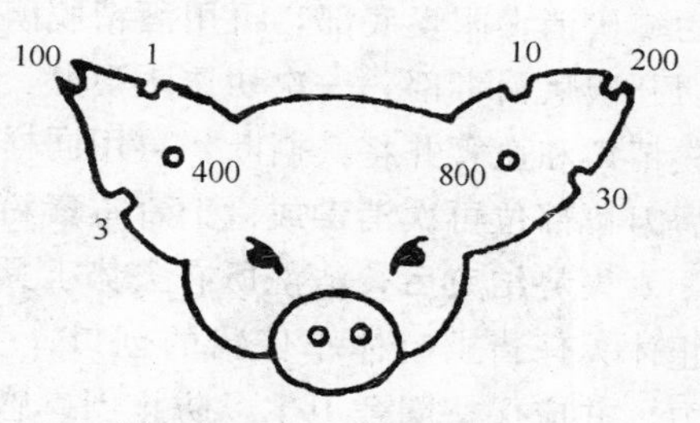

图2-1 仔猪耳号编制方法

d. 剪缺口时，必须剪透软骨，否则容易长上，长大后分辨不清。

e. 剪缺口和圆孔后，进行消毒。

⑦ 仔猪补铁

a. 仔猪3日龄时，在颈部肌肉注射补铁制剂（如牲血素、富铁力、丰血宝等）1～2mL。

b. 补铁注意事项　注射时，用酒精棉球消毒注射部位；使用前轻轻摇动补铁制剂，保证铁含量的均匀，防止因铁含量不匀而造成的中毒；注射时，一猪一针头，防止交叉感染；注射完毕后缓慢拔出针头，以防铁剂外溢；不要将铁剂和青霉素、链青霉素等抗生素一起使用；生长较快的仔猪，可在10日龄时再注射1～2mL。

⑧ 仔猪去势

a. 去势时间　仔猪出生后5～7日龄去势。去势过早，仔猪睾丸小且易碎，不易操作；去势过晚，出血多，伤口不易愈合，疼痛反应剧烈，影响仔猪的正常采食和生长。5～7日龄的仔猪处于母源抗体的保护之中，去势容易操作，应激反应相对较小，出血量少，不易感染疾病。

b. 去势仔猪类型　育肥用小公猪或种猪场不适合留作种用的小公猪。

c. 去势操作　一手握住仔猪右侧的大腿及臀部，另一手用2%的碘伏消毒阴囊底部，再用酒精脱碘，然后用手术刀或阉割刀纵行切开碘伏消毒部，一次切透阴囊壁、总鞘膜，挤出睾丸，用手指捻搓精索和血管并将其撕断，再用同样的方法摘除另一侧的睾丸，术后刀口部位再次消毒或撒上青霉素粉，以防感染。

去势结束后，清洗所有去势工具并消毒。护理好去势仔猪，防止体大仔猪拱咬体小仔猪的创口，引起失血过多而影响仔猪的活力，并应保持圈舍卫生，防止创口感染。

⑨ 仔猪补料

a. 补料时间　仔猪出生后5～7天，给小猪饲喂教槽饲料。

b. 补料方法　7日龄在仔猪饲槽中撒少许教槽料（30～50粒），便于仔猪认料；8日龄，2次/d，30～50粒/次；9日龄，3次/d，30～50粒/次；10日龄至2周龄，5～6次/d，50～100g/次。2周龄后，将仔猪料放入料槽内饲喂，3～4次/d。

⑩ 仔猪断奶

a. 仔猪21～28日龄断奶，断奶前后3天饮用含口服补液盐、电解多维或维生素C等防应激物质的饮水。

b. 仔猪断奶体重要达6kg，达不到6kg者要延长哺乳时间。及时处理3kg以下及无饲养价值、无治疗价值的仔猪。

c. 将断奶仔猪转入保育舍，转运仔猪时使用专用转运车。

d. 母猪断奶前3天适当控料，过瘦母猪需提前断奶。

e. 对断奶母猪进行鉴定淘汰，可以继续使用的母猪赶到配种舍。

(14) 清洁卫生

① 清扫粪便　清扫粪便实行干稀分流，将干粪清理成堆，用

专用粪车运至干粪棚，稀粪、尿液等清扫入排污沟。上午、下午各清扫一次，使栏舍及猪体没有粪垢，保持清洁。

② 清洁猪体　经常刷拭冲洗母猪猪体，及时驱除体外寄生虫，注意保护母猪肢蹄。并注意仔猪皮肤清洁卫生。

③ 清洁猪舍　每天清扫栏位、走道；每周末猪舍内外彻底清扫一次，清除墙壁、门窗、天花板、灯具、摄像头等设施设备的灰尘、蜘蛛网等，清除各部位的杂草、杂物，整理物品、用具，归类存放，保持清洁卫生。每3天更换一次门口消毒池中的消毒液，每周带猪体喷雾消毒1～2次，夏天每天冲洗猪栏一次，冬天每周冲洗一次猪栏。

④ 冲洗栏舍　转出后的空舍要及时进行彻底冲洗、消毒，以备转入新的待产母猪。

⑤ 灭鼠驱蚊蝇　合理放置灭鼠药，及时堵塞老鼠洞。夏季粪污区定期投放灭蚊药，防止蚊子、苍蝇滋生。

⑥ 规范管理猪舍工具　猪舍内所有工具、水管、记录牌、记录表等能上墙的要在墙上钉挂钩，在指定位置全部整齐挂起来，其他工具摆放整齐有序。

(15) 调栏与补耳标

① 接猪　根据生产需要和安排，接受从配种妊娠舍转入的生产母猪。

② 调群　根据分娩舍仔猪变化情况，可以对其做适当调整，以提高仔猪均匀度，特别对一些弱仔、泌乳性能不好的母猪，更应做调整，方法可借鉴仔猪寄养技术。

③ 转群　母猪断奶后转至配种妊娠舍，仔猪转至保育舍。

④ 补耳标　巡栏时注意观察哺乳母猪、留作种用仔猪的耳标是否松动或掉落，如有脱落及时补上。

(16) 填写报表　夜班人员值班记录表、产仔舍日报表、产仔情况周报表、断奶母猪及仔猪情况周报表、断奶仔猪转运单、分娩舍周报表分别见（七）中表2-27、表2-28、表2-29、表2-30、表2-31、表2-32。

(17) 离开猪舍　参照（一）公猪舍生产指导书。

(五) 保育舍生产指导书

1. 职责与目标

(1) 饲养管理好保育舍猪只，使其生长发育良好、体格健壮、整齐度好。

(2) 保育舍猪只死淘率小于2%。

(3) 在生产定额上，每个员工饲养管理450头保育猪，并负责其免疫、诊治等工作。

(4) 配合分娩舍的饲养员把断奶仔猪从分娩舍赶入保育舍。

(5) 做好记录及报表，做好工作总结。

2. 每天工作程序

见表2-12。

表2-12　每天工作程序

时段		工作内容
上午	7：30～11：30(随季节适当调整)	
	7：30～7：40	巡查猪舍、猪只、设施、设备、水电、保暖等情况
	7：40～8：40	清理食槽等
	8：40～9：20	投喂保育饲料、饮水等
	9：20～10：00	除粪等清洁卫生工作
	10：00～11：20	调栏、消毒、防疫、疾病诊治、补打耳标等工作
	11：20～11：30	下班前巡视猪舍、猪只、饲料、设施设备、水电等，对饲料欠缺的补加饲料
下午	14：00～18：00(随季节适当调整)	
	14：00～14：10	巡查猪舍、猪只、设施、设备、水电、保暖等情况
	14：10～14：30	补加饲料等
	14：30～15：00	除粪、冲洗猪栏等清洁卫生工作
	15：00～17：00	调栏、补打耳标、消毒、防疫、疾病诊治等工作
	17：00～17：40	填写各种报表
	17：40～18：00	下班前巡视猪舍、猪只、设施设备、水电等，对饲料欠缺的补加饲料

3. 工作内容

(1) 进入猪舍 参照（一）公猪舍生产指导书。

(2) 巡查猪舍及猪只 每天上午、下午的上班后和下班前进行如下巡视工作。

① 巡查猪舍 参照（一）公猪舍生产指导书。

② 巡查猪只 巡查保育猪的采食、饮水、吃料、粪尿等情况，及时发现精神不振、跛行等患病猪只，并及时治疗。

保育舍正常猪和不正常猪的区别见表2-13。

表2-13 保育舍正常猪和不正常猪的区别

不正常	正常	不正常	正常
背毛粗糙	光滑	张嘴喘气	呼吸正常
不活泼	活泼	猪群大小不均	均匀一致
饥饿	饱食	瘦小	肥胖
跛行	行走正常	脓包	无脓包
扎堆	分布均匀		

在以上巡视过程中发现的问题，能自己解决的立即解决，不能及时解决的做好记录，并尽快解决，解决不了的及时向保育舍主管、后勤组长、场长汇报。

(3) 调整猪舍温湿度 保育舍最适宜温度为20～26℃，适宜湿度为60%～75%。每栋保育舍单元应挂温度计和湿度计，经常观察温度和湿度变化。

仔猪转入前，保育舍要预热，观察猪只的躺卧行为，挤堆或伏卧表明温度偏低或风速过大；分散或侧卧表明温度过高，据此可采取相应的保暖和降温措施。保育舍各阶段的最适温度见表2-14。

表2-14 保育舍各阶段的最适温度

保育猪时间段	适宜温度/℃
转入时	29±2
一周末	27±2

续表

保育猪时间段	适宜温度/℃
二周末	24±2
三周至转出前	22±2

温度要逐渐下降，一天内温度变化不宜超过2℃。在温度不太低或较适宜的情况下，定时通风换气。

(4) 进猪前准备

① 空栏彻底冲洗消毒。一般程序如下：清除舍内所有粪便及污物→用高压水枪冲洗干净→晾干→用2%～3%火碱喷洒消毒→24h后用清水冲洗火碱残液→用火焰或熏蒸进行第二次消毒。

② 检查猪栏设备及饮水器是否正常，对不能正常运行的设备应及时维修。

③ 提前准备好饲料，检查饲槽（自动料箱），在饲槽（自动料箱）中加入少量饲料。

④ 温度准备　将进猪的保育舍温度升高到27℃左右。如果保育舍不是单元式猪舍，则整栋保育舍的温度为22～26℃，但要提前打开即将接猪的保育栏上的红外线灯或电热板。

(5) 接收断奶仔猪

① 提前与分娩舍主管沟通好，确定断奶仔猪头数，制订出进猪计划。

② 转群时分娩舍人员不得进入保育舍，保育舍人员在接猪通道口处接猪，接猪时要认真仔细，不得打闹。对猪要温柔，卸猪要轻拿轻放，不能粗暴的对待仔猪。

③ 所接仔猪要求体重在6kg以上，健康活泼，否则予以退还。发现明显瘦弱、拉稀等疾病仔猪，及时隔离治疗。

④ 转入的仔猪最好一窝一栏饲养或两窝一栏饲养，以减少猪群应激与争斗。如果猪场规定重新分群，则要按品种、用途、公母、强弱及体重大小的不同合理分群，每栏饲养20头左右仔猪。为了减少合群的相互争斗，应遵循“留弱出强”“拆多不拆少”“夜并昼不并”的原则，并对合群的仔猪喷洒有味药液（如来苏尔），

以清除气味差异，同时，饲养人员要多加观察，适当控制争斗。

⑤ 另设弱仔栏，隔离饲养病弱猪、伤残猪、疝气仔猪，有治疗价值的及时治疗，无治疗价值的及时淘汰。

⑥ 清点仔猪头数，建立记录卡，随时记录猪的转群体重、每栏头数和投药情况等。

⑦ 在刚转入仔猪的饲料或饮水中添加电解多维进行保健，以减少转群应激。

⑧ 转入仔猪后第一周温度应控制在26～28℃，以后每周递减2℃直至22～24℃。

(6) 保育猪的饲喂

① 头一天做好第二天的喂料计划，包括饲料品种、饲喂时间、饲喂量等，报保育舍主管和场长审核，由库管员发放、运输至猪舍门口。

② 喂料前清空食槽，倒掉剩余饲料，将食槽清洗干净。

③ 喂料前检查饲料质量，观察颜色、颗粒状态、气味等，发现异常及时报告并加以处理。

④ 保育猪分三阶段饲喂，各阶段的饲料可参照 NY/T 65—2004 标准配制。

a. 保育1期　仔猪断奶后3～7天饲喂哺乳仔猪料，并适当控制饲喂量，每头每天饲喂0.15～0.25kg，以后慢慢增加。然后利用7天时间，按5%、15%、25%、40%、60%、80%、100%的比例逐渐加入保育1号料，直至完全更换成保育1号料。换成保育1号料后，再用4天时间饲喂，直至断奶保育猪完全适应饲料的变化。为防止仔猪腹泻，可根据猪场兽医建议适当添加一些保健药物。此阶段饲养期约14天，哺乳仔猪料大约用2kg，保育1号料大约用4kg。

b. 保育2期　经过保育1期饲养，继续用保育1号料饲养8天，大约消耗饲料5kg，使体重达到12～13kg。

c. 保育3期　改用保育2号料饲养18天，大约消耗饲料12kg，使体重达到20～22kg。

d. 根据保育猪食欲、体况不同而投放饲料，每天投料 3～6 次，但基本原则是保证其自由采食，食槽内随时有饲料，但又不能造成浪费。

e. 仔细观察猪只吃料情况，采食不好的仔猪挑出加以精心照料，保证保育猪均匀生长。

⑤ 在饲料中添加药物，需要填写“饲料饮水加药表”，由猪场兽医签字后下达到保育舍，保育舍主管或饲养员确认加药比例、加药量，再将药物添加到饲料中拌匀后饲喂。饲料饮水加药表见（七）中表 2-16。

(7) 饮水

① 检查自动饮水器出水量、水压、pH 值等情况是否正常。pH 值控制在 6.5～7.5。

② 对刚转入的小猪要辅助其学会饮水，方法是用木屑或棉花将饮水器撑开，使其有小量流水，诱导仔猪饮水。

③ 如果需要使用食槽进行饮水，在猪只采食完饲料后，及时开启水龙头放入饮用水供猪只饮用。

④ 如果需要在饮水中添加药物，首先彻底清洗加药桶，并填写“饲料饮水加药表”，由猪场兽医签字后下达到保育舍，保育舍主管或饲养员确认加药比例、加药量，再将药物添加到加药桶中充分溶解后饮用。饲料饮水加药表见（七）中表 2-16。

(8) 清洁卫生

① 清扫粪便　清扫粪便实行干稀分流，将干粪清理成堆，用专用粪车运至干粪棚，稀粪、尿液等清扫入排污沟。上午、下午各清扫一次，使栏舍及猪体没有粪垢，保持清洁。

② 清洁猪舍　每天清扫栏位、走道一次；每周末猪舍内外彻底清扫一次，清除墙壁、门窗、天花板、灯具、摄像头等设施设备的灰尘、蜘蛛网等，清除各部位的杂草、杂物，整理物品、用具，归类存放，保持清洁卫生。每 3 天更换一次门口消毒池中的消毒液，每周带猪体喷雾消毒 1～2 次，夏天每天冲洗猪栏一次，冬天每周冲洗一次猪栏。

③ 冲洗栏舍　转出仔猪后的空舍要及时进行彻底冲洗、消毒，以备转入新的断奶仔猪。

④ 灭鼠驱蚊蝇　合理放置灭鼠药，消灭老鼠，及时堵塞老鼠洞，车间不允许老鼠存在。夏季粪污区定期投放灭蚊药，防止蚊子、苍蝇滋生。

⑤ 规范管理猪舍工具　猪舍内所有工具、水管、记录牌、记录表等能上墙的要在墙上钉挂钩，在指定位置全部整齐挂起来，其他工具摆放整齐有序。

(9) 注意观察猪群　清理卫生时观察排粪情况，喂料时观察食欲情况，休息时检查呼吸情况。发现病猪，及时隔离，对症治疗。严重或原因不明时及时上报。统计好病死仔猪，填写相关报表。

(10) 填写报表　保育舍周报表、保育仔猪死亡周报表、保育猪转运单分别见（七）中表 2-33、表 2-34、表 2-35。

(11) 离开猪舍　参照（一）公猪舍生产指导书。

（六）生长育肥舍生产指导书

1. 职责与目标

(1) 饲养管理好生长育肥舍猪只，使其生长发育快，饲料报酬高，育肥期限短。

(2) 生长育肥舍猪只死淘率小于 1%。

(3) 在生产定额上，每个员工饲养管理生长猪 350 头、育肥猪 250 头，并负责其免疫、诊治等工作。

(4) 配合保育舍的饲养员把保育结束的猪只从保育舍转入生长育肥舍。

(5) 做好记录及报表，做好工作总结。

2. 每天工作程序

见表 2-15。

表 2-15 每天工作程序

时段		工作内容
上午	7：30～11：30(随季节适当调整)	
	7：30～7：40	巡查猪舍、猪只、设施、设备、水电、保暖等情况
	7：40～8：40	清理食槽等
	8：40～9：20	投喂育肥饲料、饮水等
	9：20～10：00	除粪等清洁卫生工作
	10：00～11：20	调栏、消毒、防疫、疾病诊治等工作
	11：20～11：30	下班前巡视猪舍、猪只、饲料、设施设备、水电等，对饲料欠缺的补加饲料
下午	14：00～18：00(随季节适当调整)	
	14：00～14：10	巡查猪舍、猪只、设施、设备、水电、保暖等情况
	14：10～14：30	补加饲料等
	14：30～15：00	除粪、冲洗猪栏等清洁卫生工作
	15：00～17：00	调栏、消毒、防疫、疾病诊治等工作
	17：00～17：40	填写各种报表
	17：40～18：00	下班前巡视猪舍、猪只、设施设备、水电等，对饲料欠缺的补加饲料

3. 工作内容

(1) 进入猪舍 参照（一）公猪舍生产指导书。

(2) 巡查猪舍及猪只 每天上午、下午的上班后和下班前进行如下巡视工作。

① 巡查猪舍 参照（一）公猪舍生产指导书。

② 巡查猪只 巡查生长育肥猪的采食、饮水、粪尿等情况，发现精神不振、跛行、患病猪只及时治疗。

在以上巡视过程中发现的问题，能自己解决的立即解决；不能及时解决的做好记录，并尽快解决；解决不了的及时向生长育肥舍主管、后勤组长、场长汇报。

(3) 调整猪舍环境 生长育肥舍最适宜温度为 18～22℃，每栋育肥舍挂一个温度计，经常观察温度变化。根据季节温度的变化，调整好通风降温和保暖升温设施设备。夏季，猪舍内温度较高

（达30℃以上），可对猪只进行喷雾或冲洗降温，同时注意加强通风；秋冬季节，猪舍内温度低到猪只感到寒冷挤成一堆时，需关好门窗，打开暖风炉等取暖设备。

栏舍要通风，空气要流通，减少空气中的有害气体。

（4）进猪前准备

① 上一批猪转出后，空出的猪栏清洗消毒两遍。先用清水将猪栏冲洗干净，待干燥后进行第一遍消毒，用2%～3%火碱溶液喷洒消毒，干燥后用清水冲洗干净，再进行第二遍消毒，用百毒杀或强力消毒灵等温和型消毒液消毒，每次消毒时必须以喷湿地面和栏舍为准。

② 猪群转入之前，空栏不少于3天。

③ 检查猪栏、饲槽、饮水器及各种设备设施是否正常，不能正常使用的应及时维修或更换。

④ 提前1天准备好饲料、药物等物资。

（5）接收猪群

① 提前与保育舍主管沟通好，确定转入猪头数，制订进猪计划。

② 转群时保育舍人员不得进入生长育肥舍，生长育肥舍人员在接猪通道口处接猪。接猪时要认真仔细，不得打闹。对猪要温柔，不能粗暴地对待猪只。

③ 猪群转入后要及时调整，按照大小和强弱分栏，每栏饲养头数根据猪栏大小确定，每头生长育肥猪占栏0.8～1.2m^2，每栏饲养10～20头。

④ 清点猪只头数，建立记录卡，随时记录猪的转群体重、每栏头数和投药情况等。

⑤ 在刚转入仔猪的饲料或饮水中添加电解多维进行保健，以减少转群应激。

⑥ 调教猪只养成三点（吃喝、睡觉、排泄）定位的习惯。

（6）生长育肥猪的饲喂

① 头一天做好第二天的喂料计划，包括饲料品种、饲喂时间、

饲喂量等，报猪舍主管和场长审核，由库管员发放、叉车工运输至猪舍门口。

② 喂料前清空食槽，倒掉剩余饲料，将食槽清洗干净。

③ 喂料前检查饲料质量，观察颜色、颗粒状态、气味等，发现异常及时报告并加以处理。

④ 分四阶段饲喂，各阶段的饲料可参照 NY/T 65—2004 标准配制。

a. 生长育肥 1 期　保育猪结束转入生长育肥舍后，一般体重在 20kg 左右，饲喂中猪前期料，饲养 28 天，使用 42kg 饲料，使生长育肥猪体重从 20kg 增长至 40kg。

b. 生长育肥 2 期　当生长育肥猪体重达到 40kg 时即转入生长育肥 2 期，此期饲喂中猪后期料，饲养 24 天，使用 43kg 饲料，使生长育肥猪体重从 40kg 增长至 58kg。

c. 生长育肥 3 期　当生长育肥猪体重达到 58kg 时即转入生长育肥 3 期，此期饲喂大猪前期料，饲养 22 天，使用 53kg 饲料，使生长育肥猪体重从 58kg 增长至 76kg。

d. 生长育肥 4 期　当生长育肥猪体重达到 76kg 时即转入生长育肥 4 期，此期需要饲喂大猪后期料，饲养 26 天，使用 72kg 饲料，使生长育肥猪体重从 76kg 增长至 100kg。

e. 换料时一定要严格做到按两种饲料的更换时间、比例来进行过渡换料，弱仔猪的换料时间可适当延后。

f. 根据生长育肥猪食欲、体况不同而投放饲料，每天投料 2～4 次，但基本原则是保证其自由采食、食槽内随时有饲料，但又不能造成浪费。

g. 仔细观察猪只吃料情况，采食不好的猪只挑出加以精心照料，保证生长育肥猪均匀快速生长。

⑤ 在饲料中添加药物时，需要填写“饲料饮水加药表”，由猪场兽医签字后下达到生长育肥舍，生长育肥舍主管或饲养员确认加药比例、加药量，再将药物添加到饲料中拌匀后饲喂。饲料饮水加药表见（七）中表 2-16。

(7) 饮水

① 检查自动饮水器出水量、水压、pH 值等情况是否正常。pH 值控制在 6.5～7.5。

② 对刚转入的猪只要让其及时找到饮水器，方法是用木屑将饮水器撑开，使其有小量流水，诱导猪只饮水。

③ 如果需要使用食槽进行饮水，在猪只采食完饲料后，及时开启水龙头放入饮用水供猪只饮用。

④ 如果需要在饮水中添加药物，首先彻底清洗加药桶，并填写“饲料饮水加药表”，由猪场兽医签字后下达到生长育肥舍，生长育肥舍主管或饲养员确认加药比例、加药量，再将药物添加到加药桶中充分溶解后饮用。饲料饮水加药表见（七）中表 2-16。

(8) 清洁卫生

① 清扫粪便　清扫粪便实行干稀分流，将干粪清理成堆，用专用粪车运至干粪棚，稀粪、尿液等清扫入排污沟。上午、下午各清扫一次，使栏舍及猪体没有粪垢，保持清洁。

② 清洁猪舍　每天清扫栏位、走道一次；每周末猪舍内外彻底清扫一次，清除墙壁、门窗、天花板、灯具、摄像头等设施设备的灰尘、蜘蛛网等，清除各部位的杂草、杂物，整理物品、用具，归类存放，保持清洁卫生。每 3 天更换一次门口消毒池中的消毒液，每周带猪体喷雾消毒 1～2 次，夏天每天冲洗猪栏一次，冬天每周冲洗一次猪栏。

③ 冲洗栏舍　售出生长育肥猪的空舍要及时进行彻底冲洗、消毒，以备转入新猪群。

④ 灭鼠驱蚊蝇　合理放置灭鼠药，及时堵塞老鼠洞。夏季粪污区定期投放灭蚊药，防止蚊子、苍蝇滋生。

⑤ 规范管理猪舍工具　猪舍内所有工具、水管、记录牌、记录表等能上墙的要在墙上钉挂钩，在指定位置全部整齐挂起来，其他工具摆放整齐有序。

(9) 注意观察猪群　清理卫生时观察排粪情况；喂料时观察食欲情况；休息时检查呼吸情况。发现病猪，及时隔离，对症治疗。

严重或原因不明时及时上报。统计好病死仔猪，填写相关报表。

(10) 填写报表 生长育成舍周报表、肉猪上市情况周报表、肉猪死亡淘汰情况周报表分别见（七）中表2-36、表2-37、表2-38。

(11) 离开猪舍 参照（一）公猪舍生产指导书。

(七) 各类猪舍生产报表

见表2-16～见表2-38。

表2-16 饲料饮水加药表

时间	区域	药品名称	生产厂家	生产日期	方法	剂量	对象	数量	下达人	操作人	验收人

表2-17 公猪舍生产情况周报表

年　　周（　　月　　日至　　月　　日）

星期	存栏		采精	合格	不合格	合格率	平均采精量	平均密度	平均供精份数	调入	调出	死亡	淘汰	饲料量
	成年	后备												
一														
二														
三														
四														
五														
六														
日														

表2-18 公猪采精登记表

年　　月　　日

公猪耳号	栏号	设计间隔	采精日期登记								

表 2-19 公猪精液品质检查记录表

采精日期	公猪耳号	品种	颜色	气味	体积	密度	活力	畸形率	结论

表 2-20 精液稀释记录表

日期	耳号	品种	采精量	活力1	精子密度	稀释体积	活力2	混精活力	精液份数	精液编号	采精员

表 2-21 公猪精检档案

公猪耳号： 品种：

检查日期	颜色	气味	体积	密度	活力	畸形率	结论

表 2-22 种猪配种情况周报表

____舍 年 月 日至 年 月 日

受配母猪			与配公猪				备注
耳号	品种	状态评分	公猪精液	品种	配种日期	配种员	

表 2-23 配种妊娠舍周报表

周 年 月 日至 年 月 日 单位：（头、kg）

项目	配种情况				变动情况												存栏情况						饲料消耗			
					转入				转出				死淘													
星期	断奶♀	返情♀	后备♀	小计	断奶♀	成年♂	后备♀	后备♂	妊娠♀	成年♂	后备♀	后备♂	基础♀	成年♂	后备♀	后备♂	妊娠♀	空怀♀	成年♂	后备♀	后备♂	合计	妊娠前期料	妊娠后期料	哺乳期料	合计
一																										
二																										

续表

项目 星期	配种情况				变动情况												存栏情况						饲料消耗			
					转入				转出				死淘													
	断奶♀	返情♀	后备♀	小计	断奶♀	成年♂	后备♀	后备♂	妊娠♀	成年♂	后备♀	后备♂	基础♀	成年♂	后备♀	后备♂	妊娠♀	空怀♀	成年♂	后备♀	后备♂	合计	妊娠前期料	妊娠后期料	哺乳期料	合计
三																										
四																										
五																										
六																										
日																										
合计																										
备注																										

报表日期：　　　年　　月　　日　　　　舍　　　报表人：

注：《配种妊娠舍周报表》由于各个猪场的品种有些差异，不同猪场可根据本场的实际情况自行对表格作适当调整。

表 2-24　种猪死亡淘汰情况周报表

____舍　　　　　　　　　　年　月　日至　年　月　日

死淘日期	耳号	品种	♂/♀	死亡原因	淘汰原因	去向

表 2-25　妊娠母猪失配情况周报表

母猪耳号	配种日期	检定返情日期	检定空怀日期	检定流产日期	死淘日期

表 2-26 怀孕母猪免疫清单

____舍　周　　年　月　日至　年　月　日

疫苗规格		需免母猪		实免母猪	
		母猪耳号	头数	母猪耳号	头数
疫苗名称					
疫苗来源					
生产日期					
批号					
规格					
剂量					
用量					

表 2-27 夜班人员值班记录表

夜班人员：____ 班别：____　　____年____周

项目 日期	分娩窝数	活产仔数	产仔情况	保温情况	分娩前准备工作	分娩舍组长检查	备注
一							
二							
三							
四							
五							
六							
日							

注：1. 本表由组长上交到办公室，作为对夜班人员工作检查考评方法之一。

2. 分娩窝数是指值班时间分娩完的母猪数，包括上班时正在产的母猪数。

3. 产仔情况是指接产过程中，死胎、木乃伊、母猪有否难产等情况，备注栏填写压死的仔猪、病死仔猪等情况。

4. 保温情况是指分娩舍保温正常与否及冬天下班前煤炉有否加煤等情况，一般情况下填写最高（低）温单元的温度。

表 2-28 产仔舍日报表

____舍　　月　　日　　　　报表人____

类别	日初存栏	转入	出生	转出	死淘	日末存栏	母猪料	数槽料	仔猪料	出售	备注
母猪											
仔猪											

表 2-29 产仔情况周报表

____舍　　月　日至　月　日　　报表人______

分娩母猪情况				产仔情况 (头/窝)					
耳号	品种	胎次	产期	窝重	活仔	死胎	木乃伊	畸形	合计

表 2-30 断奶母猪及仔猪情况周报表

____舍　　月　日至　月　日　　报表人______

母猪耳号	品种	胎次	断奶日期	断奶仔数	寄入数	寄出数	活产仔数

表 2-31 断奶仔猪转运单

转出舍	日龄	转出日期	转猪头数	备注

防　疫　情　况

疫苗序号	日期	疫苗名称	生产厂家	批号	接种剂量	接种头数	备注

表 2-32 分娩舍周报表

年　第　周

项目/数字/星期	分娩情况					母猪情况					哺乳仔猪情况					饲料消耗		
	窝数	活产仔	死胎数	畸形数	木乃伊	总产数	转入数	转出数	死淘数	临产数	哺乳数	死淘数	转出数	存栏数	转入数	母猪料	教槽料	仔猪料
一																		
二																		
三																		
四																		
五																		
六																		
日																		

报表日期：　年　月　日　　区　线　　报表人：

表 2-33 保育舍周报表

年 第 周

星期	保育猪情况				饲料消耗		
	存栏数	转入数	转出数	死淘数	哺乳仔猪料	保育1号料	保育2号料
一							
二							
三							
四							
五							
六							
日							

报表日期： 年 月 日 区 线 报表人：

表 2-34 保育仔猪死亡周报表

发生单元	发生日期	死亡头数	死亡原因	去向

表 2-35 保育猪转运单

转出舍	日龄	转出日期	转猪头数	备注

防 疫 情 况

疫苗序号	日期	疫苗名称	生产厂家	批号	接种剂量	接种头数	备注

表 2-36 生长育成舍周报表

____舍 周 年 月 日至 月 日

项目 星期	猪群变动情况						饲料消耗情况				备注
	期初	转入	上市	淘汰	死亡	期末	中猪前期料	中猪前期料	中猪前期料	中猪前期料	
一											
二											
三											
四											

续表

<table>
<tr><td rowspan="2">项目
星期</td><td colspan="6">猪群变动情况</td><td colspan="4">饲料消耗情况</td><td rowspan="2">备注</td></tr>
<tr><td>期初</td><td>转入</td><td>上市</td><td>淘汰</td><td>死亡</td><td>期末</td><td>中猪前期料</td><td>中猪前期料</td><td>中猪前期料</td><td>中猪前期料</td></tr>
<tr><td></td><td></td><td></td><td></td><td></td><td></td><td></td><td></td><td></td><td></td><td></td><td></td></tr>
<tr><td>五</td><td></td><td></td><td></td><td></td><td></td><td></td><td></td><td></td><td></td><td></td><td></td></tr>
<tr><td>六</td><td></td><td></td><td></td><td></td><td></td><td></td><td></td><td></td><td></td><td></td><td></td></tr>
<tr><td>日</td><td></td><td></td><td></td><td></td><td></td><td></td><td></td><td></td><td></td><td></td><td></td></tr>
<tr><td>合计</td><td></td><td></td><td></td><td></td><td></td><td></td><td></td><td></td><td></td><td></td><td></td></tr>
</table>

填报人：　　　　　　　　　　　　　　　　　　　年　　月　　日

表 2-37　肉猪上市情况周报表

____舍　　　　　　　　　　　　　　　　　　　　周

上市日期	发生单元	上市规格	上市头数	上市重量	去向

表 2-38　肉猪死亡淘汰情况周报表

____舍　　　　　　　　　　　　　　　　　　　　周

死淘日期	发生单元	猪只类别	死亡头数	死亡原因	淘汰原因	去向

三、防疫员岗位生产指导书

（一）猪场消毒

1. 猪场常用消毒药

（1）根据化学消毒剂对微生物的作用分类

① 凝固蛋白质和溶解脂肪类的化学消毒药　如甲醛、酚（石炭酸、甲酚及其衍生物——来苏尔、克辽林）、醇、酸等。

② 溶解蛋白质类的化学消毒药　如氢氧化钠、石灰等。

③ 氧化蛋白质类的化学消毒药　如高锰酸钾、过氧化氢、漂白粉、氯胺、碘、硅氟氢酸、过氧乙酸等。

④ 与细胞膜作用的阳离子表面活性消毒剂　如新洁尔灭、洗必泰等。

⑤ 对细胞发挥脱水作用的化学消毒剂　如甲醛液、乙醇等。

⑥ 与硫基作用的化学消毒剂　如重金属盐类（升汞、红汞、硝酸银、蛋白银等）。

⑦ 与核酸作用的碱性染料　如龙胆紫（结晶紫）。

还有其他类化学消毒剂，如戊二醛、环氧乙烷等。

以上各类化学消毒剂，虽各有其特点，但有的一种消毒剂同时具有几种药理作用。

（2）根据化学消毒药的不同结构分类

① 酚类消毒药　如石炭酸等，能使菌体蛋白变性、凝固而呈现杀菌作用。

② 醇类消毒药　如70%乙醇等，能使菌体蛋白凝固和脱水，而且有溶脂的特点，能渗入细菌体内发挥杀菌作用。

③ 酸类消毒药　如硼酸、盐酸等，能抑制细菌细胞膜的通透性，影响细菌的物质代谢。乳酸可使菌体蛋白变性和水解。

④ 碱类消毒药　碱类消毒药如氢氧化钠，能水解菌体蛋白和核蛋白，使细胞膜和酶受害而死亡。

⑤ 氧化剂　如过氧化氢、过氧乙酸等，一遇有机物即释放出

初生态氧，破坏菌体蛋白和酶蛋白，呈现杀菌作用。

⑥ 卤素类消毒剂　如漂白粉等容易渗入细菌细胞内，对原浆蛋白产生卤化和氧化作用。

⑦ 重金属类　如升汞等，能与菌体蛋白结合，使蛋白质变性、沉淀而产生杀菌作用。

⑧ 表面活性剂　如新洁尔灭、洗必泰等：能吸附于细胞表面，溶解脂质，改变细胞膜的通透性，使菌体内的酶和代谢中间产物流失。

⑨ 染料类　如甲紫、利凡诺等，能改变细菌的氧化还原电位，破坏正常的离子交换机能，抑制酶的活性。

⑩ 挥发性溶剂　如甲醛等，能与菌体蛋白和核酸的氨基、烷基、巯基发生烷基化反应，使蛋白质变性或核酸功能改变，呈现杀菌作用。

（3）猪场常用的化学消毒剂　猪场常用消毒药的种类及其应用见“附录四”。

2. 猪场消毒程序

（1）门口消毒

① 人员消毒　人员进场前应在更衣室内淋浴后，更换场内专用工作服、鞋和帽。无淋浴条件的应在更衣室内穿戴工作服，更换场内专用工作鞋、双手在消毒池（盆）内浸泡消毒后，经消毒通道进入生产区。

② 车辆消毒　车辆进入生产区时，应在大门外对其外表面及所载物表面消毒后，通过消毒池进入。如车辆装载过畜禽或其产品，或自发生疫情地区返回时，应在距厂区较远处对车辆内外（包括驾驶室、车底盘）进行彻底冲洗消毒后，方可进入厂区内，但7天内不得进入生产区。

③ 物品消毒　生产用物资（如垫草、扫把和铁锹等）可用消毒剂对表面消毒即可，有疫情时须经熏蒸消毒才可用于生产。

（2）场区消毒

① 非生产区　生活区、生产辅助区应经常清扫，保持其清洁

卫生，并定期消毒。

② 生产区　舍外道路每天清扫 1 次，每周消毒 1～2 次。有外界疫情威胁时，应提高消毒剂的浓度，增加消毒次数。场内局部发生疫情时，要在有疫情猪舍相邻的通道上铺垫麻袋或装锯末的编织袋，在其上泼洒消毒剂并保持其湿润。赶猪通道、装猪台在每次使用后立即清扫。冲洗并喷洒消毒剂。称重的磅秤用后必须清扫干净，再用拖布蘸取消毒剂进行擦拭消毒。尸体剖检室或剖检尸体的场所、运送尸体的车辆及其经过的道路均应于使用后立即酌情使用喷洒法或浇泼法、浸泡法等方式进行消毒。粪便运输专用道路应在每天使用后立即清扫干净，定期（每周或每两周 1 次）消毒，储粪场地应定期清理、消毒。发生疫情的猪舍应暂停外运粪便，将粪便堆积在舍外运动场（或空地）上并进行消毒。

(3) 猪舍卫生消毒

① 日常卫生消毒　每天上午、下午对猪舍地面、道路及粪便各清扫 1 次。将饲槽、水槽及排污沟定期消毒。每周对猪舍喷洒消毒 1 次。在场外疫情严重时应酌情增加消毒次数和提高消毒剂使用浓度。

② 空栏消毒　猪场应做到各生产车间或各栏舍的全进全出，而且在每个单元或车间空出后，彻底清扫，将猪床、排污沟、地面、墙壁、保温箱、保温板、食槽、水槽等进行彻底冲洗，再喷洒消毒液，12～24h 后用清水冲去消毒液，然后关闭门窗进行熏蒸消毒，24h 后通风换气，至少空置 7 天方可进猪。必要时也可用火焰消毒。

③ 带猪消毒　使用对猪刺激性和毒性均较低的消毒药对猪体表及猪舍进行喷雾消毒。这种消毒方式可与日常消毒或空气消毒同时进行，也可单独进行。在夏季可使用凉水，冬季应使用热水稀释消毒剂。对猪体表消毒要在气温较高时段进行。喷雾消毒效果与雾滴粒子大小以及雾滴均匀度密切相关。雾粒大小应控制在 80～120μm，雾滴太小易被吸入呼吸道，引起肺水肿，甚至诱发呼吸道病。

④ 终末消毒　当猪场有疫病发生和流行结束后，对全场（包括猪舍周围环境）进行的全面彻底消毒，目的是彻底消灭场内及周围环境中的病原微生物。其原则是：先消毒未发病区，后消毒发病区；先消毒猪舍外，后消毒猪舍内。猪舍外环境消毒前应进行彻底清扫，垫草、粪便、垃圾等应予以焚烧，水泥地面泼洒消毒剂，必要时应对病猪曾接触的泥土、地面进行消毒。舍内消毒则可按前述程序进行，必要时可适当提高消毒剂的使用浓度。

(4) 其他常规消毒

① 剖检消毒　对病因、死因不明猪只的剖检在剖检室内或场外规定场所进行，运送病死猪时应防止其对环境的污染，剖检前应对病死猪清洗消毒。剖检完毕后应按有关规定处置尸体，勿使其对周围环境造成污染。剖检器械应浸泡消毒，采集病料应妥善保管。剖检场地应用消毒剂泼洒清洗。

② 工作服、鞋帽消毒　员工工作中穿戴的衣服、鞋帽应定期清洗消毒，或置日光下暴晒消毒。工作人员接触病猪后应将工作服、鞋帽置于消毒剂中浸泡消毒后再进行洗涤。

③ 医疗器械消毒

a. 注射器械消毒　将注射器用清水冲洗干净，如为玻璃注射器，将针管与针芯分开，用纱布包好；如为金属注射器，拧松调节螺丝，抽出活塞，取出玻璃管，用纱布包好。针头用清水冲洗干净，成排插在多层纱布的夹层中，镊子、剪刀洗净，用纱布包好。将清洗干净包装好的器械放入煮沸消毒器内灭菌。煮沸消毒时，水沸后保持15～30min。灭菌后，放入无菌带盖搪瓷盘内备用。煮沸消毒的器械当日使用，超过保存期或打开后，需重新消毒后，方能使用。

b. 刺种针的消毒　用清水洗净，高压或煮沸消毒。

c. 饮水器消毒　用清洁卫生水刷洗干净，用消毒液浸泡消毒，然后用清洁卫生的流水认真冲洗干净，不能有任何消毒剂、洗涤剂、抗菌药物、污物等残留。

d. 滴鼻滴管的消毒　用清水洗净，高压或煮沸消毒。

e. 清洗喷雾器和试剂　喷雾免疫前，应先要用清洁卫生的水将喷雾器内桶、喷头和输液管清洗干净，不能有任何消毒剂、洗涤剂、铁锈和其他污物等残留；然后再用定量清水进行试喷，确定喷雾器的流量和雾滴大小，以便掌握喷雾免疫时来回走动的速度。

f. 体温计　体温计在每次用后立即用酒精擦拭干净。

g. 手术器械　手术刀、剪等器械用后应洗净并用消毒液浸泡消毒。

④ 粪便消毒　粪便消毒方法有生物热消毒、掩埋、焚烧和化学药品消毒。

a. 生物热消毒法　是一种最常用的粪便污物消毒法，这种方法能杀灭除细菌芽孢外的所有病原微生物，并且不丧失肥料的应用价值。该方法又可分为发酵池法和堆粪法。

发酵池法：适用于动物养殖场，多用于稀粪便的发酵。

堆粪法：适用于干固粪便的发酵消毒处理。

注意事项：发酵池和堆粪场应选择远离学校、公共场所、居民住宅区、动物饲养和屠宰场所、村庄、饮用水源地、河流等。修建发酵池时要求坚固，防止渗漏。

b. 掩埋法　此种方法简单易行，但缺点是粪便和污物中的病原微生物可渗入地下水，污染水源，并且损失肥料。适合于粪量较少，且不含细菌芽孢的粪便。

操作步骤：消毒前准备漂白粉或新鲜的生石灰、高筒靴、防护服、口罩、橡皮手套，铁锹等。将粪便与漂白粉或新鲜的生石灰混合均匀。混合后深埋在地下 2m 左右之处。

注意事项：掩埋地点应选择远离学校、公共场所、居民住宅区、村庄、饮用水源地、河流等。应选择地势高燥，地下水位较低的地方。

c. 焚烧法　用于患传染性疾病时病猪及粪便的消毒（如炭疽、猪瘟等）。可用焚烧炉，如无焚烧炉，可以挖掘焚烧坑，进行焚烧消毒。对焚烧产生的烟气应采取有效的净化措施；焚烧时应注意安全，防止火灾。

d. 化学药品消毒法　用化学消毒药品，如含2%～5%有效氯的漂白粉溶液、20%石灰乳等消毒粪便。

⑤ 污水消毒　猪舍产生的粪便污水，通过地下排污管道输送到废水处理站，进行无害化处理，决不允许随意排放。粪便污水进入废水处理站后，首先经固液分离机进行固液分离，废渣送储存场储存，向果农、菜农提供肥料，向有机肥厂提供原料。废水采用厌氧UASB、氧化处理工艺进行无害化处理后排放。废渣存放场所地面、废水储存池底进行水泥硬化，防止废渣散落、雨水淋失和废水渗漏对周围环境和地下水造成污染。养殖场排放污染物，不得超过国家或地方规定的排放标准。超标排放应按规定缴纳超标排污费。养殖场应自觉接受环保主管部门进行的环境检查，并如实向检查人员反映情况提供必要的资料。

⑥ 饮水消毒　猪场在使用未经过滤净化的江河、鱼塘水作为饮用水源时，可使用有机酸制剂等，通过定量加药器或水塔对猪的饮用水进行消毒，在腹泻性疾病多发猪场尤应采用。

⑦ 饲养用具的消毒　饲养用具包括食槽、饮水器、料车、添料锹等，对所用饲养用具应定期进行清洗消毒，注意选择合适的消毒药品和消毒方法。

⑧ 运载工具的消毒　运载工具主要是车辆。车辆的消毒主要是应用喷洒消毒法。消毒前一定要清扫（洗）运输工具，保证运输工具表面粘附的污染物的清除，这样才能保证消毒效果。

(5) 做好消毒记录

猪场消毒记录表见表3-1。

表3-1　猪场消毒记录表

日期	消毒场所	消毒药名称	用药剂量	消毒方法	操作员

(二) 免疫接种

免疫接种是给动物接种疫苗或免疫血清，使动物机体自身产生或被动获得对某一病原微生物特异性抵抗力的一种手段。通过免疫接种，使动物产生或获得特异性抵抗力，预防疫病的发生，保护人畜健康，促进畜牧业生产健康发展。

1. 疫苗种类及其优缺点

(1) 活疫苗

① 活疫苗的优点　可通过滴鼻、口服、注射等途径，刺激机体产生细胞免疫、体液免疫和局部黏膜免疫；免疫效果好。

② 活疫苗的缺点　储存、运输要求条件较高，需－15℃以下储藏、运输；免疫效果受免疫动物用药状况影响；疫苗毒力存在返强可能性。

(2) 灭活疫苗

① 灭活疫苗的优点　安全性能好；易于储藏和运输，一般只需在 2～8℃储藏和运输条件；受母源抗体干扰小。

② 灭活疫苗的缺点　接种途径少，主要通过皮下或肌肉注射进行免疫；产生免疫保护所需时间长，接种剂量较大，通常需 2～3 周后才能产生免疫力；注射部位易形成结节，影响肉的品质。

(3) 类毒素

将细菌产生的外毒素，用适当浓度（0.3%～0.4%）的甲醛溶液处理后，其毒性消失而仍保留其免疫原性，称为类毒素。类毒素经过盐析并加入适量的磷酸铝或氢氧化铝胶等，即为吸附精制类毒素，注入动物机体后吸收较慢，可较久地刺激机体产生高滴度抗体以增强免疫效果。如破伤风类毒素，注射一次，免疫期 1 年，第二年再注射一次，免疫期可达 4 年。

(4) 新型疫苗　目前在预防动物疫病中，已广泛使用的新型疫苗主要有：基因工程亚单位疫苗，如仔猪大肠埃希氏菌病 K88-K99 双价基因工程疫苗，仔猪大肠埃希氏菌病 K88-LTB 双价基因工程疫苗；基因工程基因缺失疫苗，如猪伪狂犬病病毒 TK/gG 双基因缺失活疫苗、猪伪狂犬病病毒 gG 基因缺失灭活疫苗；基因工程重组活载体疫苗等。

2. 免疫接种

（1）免疫接种的类型 根据免疫接种的时机不同，可分为预防接种、紧急接种、临时接种和乳前免疫。

① 预防接种 预防接种是有针对性和计划性，根据本地区或该养殖场具体情况，进行的疫苗接种。做好接种前的准备工作，如查清被接种动物的种别、数量及健康状况，预接种疫苗数量，器械的准备及人员分工，接种方法和技术，观察接种反应等。

② 紧急接种 当猪场附近或场内局部发生传染性疾病时，为了迅速控制和扑灭传染病的流行，而对疫区和受威胁区尚未发病的动物进行的免疫接种。紧急接种应先从安全地区开始，逐头（只）接种，以形成一个免疫隔离带。然后再到受威胁区，最后再到疫区对假定健康动物进行接种。

③ 临时接种 指在引进或运出动物时，为了避免在运输途中或到达目的地后发生传染病而进行的预防免疫接种。临时接种应根据运输途中和目的地传染病流行情况进行免疫接种。

④ 乳前免疫 乳前免疫又称超前免疫、零时免疫，是指仔猪出生后、吃初乳前进行的免疫接种。多在有猪瘟疫情的猪场使用。

（2）免疫接种操作规程

为保证猪场免疫接种的顺利开展，应做好以下工作。

① 根据猪场疫苗使用计划，做好疫苗采购、运输及保管工作。

② 接种疫苗前的准备

a. 检查待接种动物健康状况 检查动物的精神、食欲、体温，不正常的不接种或暂缓接种。检查动物是否发病、是否瘦弱，发病、瘦弱的动物不接种或暂缓接种。检查是否存在幼小的、年老的、怀孕后期的动物，这些动物应不予接种或暂缓接种。

对上述动物进行登记，以便以后补种。

b. 器械、药品准备 准备疫苗、稀释液、注射器、针头、盐酸肾上腺素、地塞米松磷酸钠、免疫接种登记表等。

c. 检查疫苗外观质量 发现疫苗瓶破损、瓶盖密封不严或松动、无标签或标签不完整、超过有效期、发生沉淀、分层等，一律不得使用。

③ 疫苗复温　疫苗使用前，应取出疫苗，平衡至室温。

④ 接种疫苗注意事项

a. 接种时间应安排在猪群喂料前、空腹时进行，高温季节应在早晚注射。

b. 注射时保定好动物，注意人员安全防护。保育舍、育肥舍的猪，可用焊接的铁栏挡在墙角等处，相对稳定后再注射。哺乳仔猪和保育仔猪要注意轻抓轻放。避免过度应激。

c. 注射前术部要用挤干的酒精棉或碘酊棉消毒，活疫苗时不能用碘酊消毒接种部位，应用75%酒精消毒，待干后再接种。

d. 要根据猪的大小和注射剂量多少，选用相应的针管和针头。注射器过大，注射剂量不易准确；注射器过小，操作麻烦。针管可用10mL或20mL的金属注射器或连续注射器，针头可用38～44mm的12号针头；新生仔猪猪瘟超免可用2mL或5mL的注射器，针头长为20mm的9号针头。

e. 注射部位要准确。肌内注射部位，有颈部、臀部和后腿内侧等供选择；皮下注射在耳后或股内侧皮下疏松结缔组织部位。避免注射到脂肪组织内。需要交巢穴和胸腔注射的更需摸准部位。

f. 根据动物大小和肥瘦程度不同，掌握刺入不同深度，以免刺入太深（常见于瘦小猪只）而刺伤骨膜、血管、神经，或因刺入太浅（常见于大猪）将疫苗注入脂肪而不能吸收。

g. 注射剂量应严格按照规定的剂量注入，禁止打“飞针”，造成注射剂量不足和注射部位不准。

h. 对大猪，为防止损坏注射器或折断针头，可用分解动作进行注射，即把注射针头取下，以右手拇指、食指紧持针尾，中指标定刺入深度，对准注射部位用腕力将针头垂直刺入肌肉，然后接上注射器，回抽针芯，如无回血，随即注入药液。

i. 注射时动作要快捷、熟练，做到“稳、准、足”，避免飞针、折针、洒苗。苗量不足的立即补注。

j. 注射时要一猪一个针头，一猪一标记，以免漏注。

k. 怀孕母猪免疫操作要小心谨慎，产前15天内和怀孕前期尽量减少使用各种疫苗。

l. 疫苗不得混用（标记允许混用的除外），一般两种疫苗接种时间，至少间隔5～7天。

m. 免疫接种完毕，将所有用过的疫苗瓶及接触过疫苗液的瓶、皿、注射器等消毒处理。

⑤ 免疫接种的后续工作

a. 及时认真填写免疫接种记录，包括疫苗名称、免疫日期、舍别、猪别、日龄、免疫头数、免疫剂量、疫苗性质、生产厂家、有效期、批号、接种人等。每批疫苗最好存放1～2瓶，以备出现问题时查询。

b. 失效、作废的疫苗，用过的疫苗瓶，稀释后的剩余疫苗等，必须妥善处理。处理方式包括用消毒剂浸泡、煮沸、烧毁、深埋等。

c. 有的疫苗接种后能引起过敏反应，故需详细观察1～2天，尤其接种后2h内更应严密监视，遇有过敏反应的猪，注射肾上腺素或地塞米松等抗过敏解救药。

d. 部分猪免疫疫苗后应激反应较大，表现采食量降低，甚至不吃或体温升高，应饮用电解质水或口服补液盐或熬制的中药液。尤其是保育舍仔猪免疫接种后，采取以上措施能减缓应激。

e. 接种疫苗后，活苗经7～14天，灭活苗经14～21天才能使机体获得免疫保护，这期间要加强饲养管理，尽量减少应激因素，加强环境控制，防止饲料霉变，搞好清洁卫生，避免强毒感染。

f. 如果猪只发生严重反应或怀疑疫苗有问题而引起猪只死亡，尽快向生产厂家反映或冷藏包装同批次的制品2瓶寄回厂家，以便查找原因。

⑥ 疫苗接种效果的检测

a. 一个季度抽血分离血清进行一次抗体监测，当抗体水平合格率达不到时应补注一次，并检查其原因。

b. 疫苗的进货渠道应当稳定，但因特殊情况需要换用新厂家的某种疫苗时，在疫苗注射后30天即进行抗体监测，抗体水平合格率达不到时，则不能使用该疫苗。改用其他厂家疫苗进行补注。

c. 注重在生产实践中考查疫苗的效果。如长期未见初产母猪流产，说明细小病毒苗的效果尚可。

(3) 疫苗接种途径

① 肌内注射　在耳根后、臀部或股内侧注射，与皮肤保持一定角度，迅速刺入肌肉内2～4cm（视动物大小而定），然后抽动针筒活塞，确认无回血时，即可注入。注射完毕，用酒精棉球压迫针孔部，迅速拔出针头。切不可注入脂肪层或皮下，如猪瘟疫苗等。

② 口服疫苗　根据猪的数量、免疫剂量等准确算出疫苗和水的用量。疫苗用水中不能含有氯和其他有害物质，饮水应清洁，如仔猪副伤寒疫苗。

③ 后海穴（交巢穴）注射　后海穴位于猪的肛门上方、尾根的下方正中窝处。常规消毒，注射深度小猪2～3cm，大猪3～5cm。针头刺入方向应与猪的荐椎方向一直（略向前上方）。如猪传染性胃肠炎、流行性腹泻二联苗，可用后海穴注射。

④ 胸腔注射　术者在倒数第六肋间与肩关节水平线交界处用12号兽用针头垂直刺入，进针后若有空洞感即可将药徐徐注入。如猪气喘病兔化弱毒苗有胸腔注射要求时才使用该方法。

⑤ 黏膜免疫　主要部位是呼吸道、胃肠道，是黏膜接触并摄取抗原和进行最初反应的效应部位，如猪伪狂犬病基因缺失疫苗滴鼻接种。

(4) 免疫接种注意事项

① 注意疫苗的有效期、失效期及批准文号　在使用过程要注意疫苗的有效期、失效期、批准文号，任何疫苗超过有效期或达到失效期者，均不能再销售和使用。

② 疫苗的储藏　根据不同疫苗品种的储藏要求，严格按照疫苗说明书规定的要求储藏。

a. 冻干活疫苗　一般要求在－15℃条件下储藏。如猪瘟活疫苗等。

b. 灭活疫苗　一般要求在2～8℃条件下储藏，更不能冻结，如口蹄疫灭活疫苗等。

c. 建立疫苗出入库管理明细 详细记录出入疫苗品种、批准文号、生产批号、规格、生产厂家、有效日期、数量、进出库记录等。超过有效期的疫苗，及时清除并销毁。

③ 疫苗的运输　严格按照疫苗储藏温度要求进行包装运输，避免日光曝晒。

3. 免疫异常反应的处置

(1) 观察免疫接种后动物的反应　免疫接种后，在免疫反应时间内，要观察免疫动物的饮食、精神状况等，并抽查检测体温，对有异常表现的动物应予登记，严重时应及时救治。

① 正常反应　是指疫苗注射后出现的短时间精神不好或食欲稍减等症状，此类反应一般可不作任何处理，可自行消退。

② 严重反应　主要表现在反应程度较严重或反应动物超过正常反应的比例。常见的反应有震颤、流涎、流产、瘙痒、皮肤丘疹、注射部位出现肿块、糜烂等，最为严重的可引起免疫动物的急性死亡。

③ 合并症　只限于个别猪只发生的综合症状，反应比较严重，需要及时救治。

a. 血清病　抗原抗体复合物产生的一种超敏反应，多发生于一次大剂量注射动物血清制品后，注射部位出现红肿、体温升高、荨麻疹、关节痛等，需精心护理和注射肾上腺素等。

b. 过敏性休克　个别动物于注射疫苗后30min内出现不安、呼吸困难、四肢发冷、出汗、大小便失禁等，需立即救治。

c. 全身感染　指活疫苗接种后因机体防御机能较差或遭到破坏时发生的全身感染和诱发潜伏感染，或因免疫器具消毒不彻底致使注射部位或全身感染。

④ 变态反应　多为荨麻疹。

(2) 处理动物免疫接种后的不良反应

① 免疫接种后如产生严重不良反应，应采用抗休克、抗过敏、抗炎症、抗感染、强心补液、镇静解痉等急救措施。

② 对局部出现的炎症反应，应采用消炎、消肿、止痒等处理措施；对神经、肌肉、血管损伤的病例，应采用理疗、药疗和手术等处理方法。

③ 对合并感染的病例用抗生素治疗，但要注意用药种类、剂量及持续使用时间等。

(3) 免疫不良反应的预防 为减少、避免动物在免疫过程中出现不良反应，应注意以下事项。

① 保持动物舍温度、湿度、光照适宜，通风良好；做好日常消毒工作。

② 制定科学的免疫程序，选用适宜毒力或毒株的疫苗。

③ 应严格按照疫苗的使用说明进行免疫接种，注射部位要准确，接种操作方法要规范，接种剂量要适当。

④ 免疫接种前对动物进行健康检查，掌握动物健康状况。凡发病的，精神、食欲、体温不正常的，体质瘦弱的、幼小的、年老的、怀孕后期的动物均应不予接种或暂缓接种。

⑤ 对疫苗的质量、保存条件、保存期均要认真检查，必要时先做小群动物接种实验，然后再大群免疫。

⑥ 免疫接种前，避免动物受到寒冷、转群、运输、脱水、突然换料、噪音、惊吓等应激反应。可在免疫前后 3～5d 在饮水中添加多维素，或维生素 C、维生素 E 等以降低应激反应。

⑦ 免疫前后给动物提供营养丰富、均衡的优质饲料，提高机体非特异免疫力。

4. 免疫失败的原因分析

免疫应答是一种生物学过程，受多种因素的影响。在接种疫苗的猪群中，不同个体的免疫应答程度有所差异，有的强些，有的较弱，而绝大多数接种后能产生坚强的免疫力，但接种了疫苗并不等于就已获得免疫。近年来，许多猪场猪群的群体性免疫事变问题极为突出，主要表现在猪群接种某种疫苗后，没有得到有效的特异保护，免疫后依然出现该种疾病；有的猪场免疫后虽然未出现疫情，但在检测抗体时发现猪群的抗体水平低，此种情况在猪瘟、口蹄疫、伪狂犬病等的免疫中较为多见。猪群的免疫力下降，一些细菌性疫病如大肠杆菌病、沙门菌病、链球菌病、巴氏杆菌病、副猪嗜血杆菌病的混合感染、继发感染极易发生，同时出现疾病的病程延长、药物疗效降低、治愈率下降、死淘率上升等问题。导致免疫失败的原因有以下10种。

（1）正常免疫反应呈正态分布 免疫失败的原因较为复杂。一般来说，由于免疫反应是一个复杂的生物学过程，其对一个群体不可能提供绝对的、百分之百的保护，免疫接种的猪群中所有成员的免疫水平也不可能完全一致，免疫反应呈正态分布，大多数猪只的免疫反应呈中等水平，一小部分的猪只免疫反应较差。

（2）猪群的健康状况 一般来说，体格健壮、发育良好的猪只，注射疫苗后产生较高免疫力；而体弱、有病、生长发育较差的猪只注射疫苗后易发生严重不良反应，所产生的免疫力也较低。妊娠母猪由于注射疫苗后的反应可能会发生早产、流产或影响胎儿发育，因此，在无疫情时对这类猪的疫苗注射可暂缓进行，应候其身体恢复健康、产后或母源抗体消失后再行注射。

（3）疫苗的质量和种类 疫苗质量是免疫成败的关键因素，疫苗质量好必须具备的条件是安全和有效。农业部要求生物制品生产企业以真正合格的SPF胚生产出更高效、更精确的弱毒活疫苗，利用分子生物学技术深入研究毒株进行疫苗研制，将病毒中最有效的成分提取出来生产疫苗，同时对疫苗辅助物如保护剂、稳定剂、佐剂、免疫修饰剂等进一步改善，可望大幅度改善常规疫苗的免疫力，用苗单位必须到具备供苗资格的单位购买。通常弱毒苗应保存于－15℃以下；灭活苗和耐热冻干弱毒苗应保存于2～8℃；灭活苗要严防冻结，否则会破乳或出现凝集块，影响免疫效果。

疫苗的种类不同，刺激机体产生抗体的速度和持续时间也不同。如弱毒疫苗与灭活疫苗相比，弱毒疫苗的免疫效果出现早，因为弱毒疫苗能在体内繁殖，刺激机体产生抗体较快。但要注意使用弱毒疫苗前后 1 周不要使用免疫抑制剂、抗病毒药、干扰素等，注射菌苗前后 1 周不要使用抗生素等药物。

(4) 免疫的剂量 疫苗接种后在体内有个繁殖过程，接种到猪体内的疫苗必须含有足量的、有活力的抗原，才能激发机体产生相应抗体，获得免疫。若免疫的剂量不足将导致免疫力低下或诱导免疫力耐受；而免疫的剂量过大也会产生强烈应激，使免疫应答减弱甚至出现免疫麻痹现象。因此，免疫过程中不能盲目加大疫苗的剂量。

(5) 免疫程序制定及免疫操作不当 母源抗体在一定的时间内有助于仔猪抵抗疫病的侵袭，若首免日龄过早，则母源抗体会对仔猪主动免疫力形成干扰，过迟又会使仔猪的免疫空白期过长，可能导致免疫失败。许多疫苗一次免疫形成的免疫力不够持久，若不进行二次的强化免疫，则会影响免疫效果。因此，应根据对猪群抗体水平的持续监测结果和疫苗说明书提供的免疫程序，选择适宜的首免日龄和二免时机。疫苗选用不当，菌（毒）株与流行毒株存在血清学差异；疫苗稀释不当，疫苗注射质量差或免疫密度低，猪群健康状况不良或处于应激状态时注射疫苗等，都可能导致免疫失败。

(6) 干扰作用 同时免疫接种两种或多种弱毒苗往往会产生干扰现象。产生干扰的原因可能有两个方面：一是两种病毒感染的受体相似或相同，产生竞争作用；二是一种病毒感染细胞后产生干扰素，影响另一种病毒的复制。例如，初生仔猪用伪狂犬病基因缺失弱毒苗滴鼻后，疫苗毒在呼吸道上部大量繁殖，和伪狂犬病病毒竞争地盘，同时又干扰伪狂犬病病毒的复制，起到抑制和控制病毒的作用。

(7) 应激因素 免疫疫苗对动物来说本身就是一种应激反应。

猪只接种免疫疫苗前后的各种应激，如断奶、转栏、换料、阉割、断尾、驱虫等都会影响疫苗免疫效果。此阶段应尽量减少各种应激反应，同时要多补充电解质和维生素，尤其是维生素 A、维生素 E、维生素 C 和复合维生素 B。

(8) 免疫抑制 目前在猪场中出现的免疫失败，较多是由于免疫抑制所造成的。许多疾病会导致免疫抑制。如猪繁殖与呼吸综合征、圆环病毒病在猪群中的流行与蔓延，使得正常的免疫反应受到抑制。另外，猪气喘病、体内外寄生虫病在我国猪群中的广泛存在，也是产生免疫抑制的一个重要的原因。

(9) 野毒感染 在猪群中，由于一些疫病的亚临床感染，使猪群长期处于一种亚健康状态。检测表明，目前许多猪场猪瘟病毒、伪狂犬病病毒、猪繁殖与呼吸综合征病毒、细小病毒等的野毒感染，对猪群的免疫会产生干扰，影响免疫效果。

(10) 饲养管理不当 猪体内免疫功能在一定程度上受到神经、体液和内分泌的调节。当猪群的营养调控失当，饲料中霉菌毒素的严重污染，过多地混群、调群使得猪群应激敏感性升高，过度使用药物特别是滥用免疫抑制性药物，猪舍内环境的温度、湿度、空气质量控制不良使得猪群的健康状况不佳等，都会给免疫带来不利的影响。

因此，重视猪群的免疫失败现象，解决好猪群中的免疫抑制问题，是猪场防疫员在日常疫病防治中的一项重要工作，从饲养和管理抓起，从猪场疫病的控制与净化入手，逐步提高猪群对疫病的抵抗力，才有可能使得免疫失败问题得以解决。

5. 猪场免疫程序制定

目前国内外尚没有一个可供各猪场共同使用的免疫程序。各猪场流行的疫病不同，其猪群免疫状况也不同。在制定适合本场的免疫程序时，既要考虑到本场的饲养条件、疫病流行情况，还要考虑本地区其他猪场发病情况，并着重考虑下列因素。

(1) 猪场疫病的流行情况

① 常规预防的疫病　这类疫病包括猪瘟、口蹄疫、猪伪狂犬病、猪繁殖与呼吸综合征、猪丹毒、猪肺疫、仔猪副伤寒等。其中猪瘟、口蹄疫和猪伪狂犬病必须进行免疫注射；猪丹毒、猪肺疫、仔猪副伤寒三种疫病，则应视猪场所在地的流行状况及本场防疫条件选择应用。

② 种猪必须预防的疫病　除了上述疫病外，种猪还应该对猪乙型脑炎、猪细小病毒病进行免疫，酌情对猪繁殖与呼吸综合征进行免疫。

③ 可选择性预防的疫病　主要有猪大肠杆菌病（仔猪黄痢、白痢和水肿病）、仔猪红痢、猪链球菌病、猪传染性萎缩性鼻炎、猪支原体肺炎（气喘病）、猪传染胃肠炎、猪流行性腹泻、猪衣原体病、猪传染性胸膜肺炎、猪轮状病毒感染、副猪嗜血杆菌病等。

(2) 母源抗体　制定免疫程序须考虑母源抗体的干扰，最好的办法是通过对猪群的免疫状况不断进行抗体监测，确定本场免疫种类及免疫流程，达到预防和控制传染病发生的目的。

(3) 抗体检测　定期对猪群进行抗体检测，根据检测结果调整和制定适合本场的免疫程序。

(4) 疫苗之间的干扰问题　注意不同疫苗之间的相互干扰，科学安排接种时间。原则上要求两种疫苗的免疫注射间隔在 1 周以上。

(5) 建立猪群免疫档案　建立免疫档案，做好免疫记录，定期进行数据分析，结合抗体检测动态评价免疫效果。猪群免疫档案表见表 3-2。

表 3-2　猪群免疫档案表

猪耳标号		栏号	
进栏日期	年　　月　　日	存栏数	
防疫员		主管兽医	
疫苗名称			

续表

疫苗厂家及批号	
一免日期	
二免日期	
备注	

6. 猪场参考免疫程序

(1) 种公猪免疫程序 见表3-3。

表3-3 种公猪免疫程序

疫　苗	免疫时间(次数)	单位	剂量	用法	疫苗产地
口蹄疫O型灭活苗	每年3次,2月、6月、10月各一次	毫升	2	肌注	
伪狂犬基因缺失苗	每年3次,1月、5月、9月各一次	头份	1	肌注	
猪瘟弱毒苗	每年2次,4月、10月各一次	头份	1	肌注	
乙脑活苗	每年2次,3月、8月各一次	头份	1	肌注	
细小病毒灭活苗	每年2次,4月、8月各一次	毫升	2	肌注	

(2) 后备母猪免疫程序 见表3-4。

表3-4 后备母猪免疫程序

疫　苗	免疫时间(日龄)	单位	剂量	用法	疫苗产地
猪繁殖与呼吸综合征苗	120	头份	1	肌注	
口蹄疫O型灭活苗	127	毫升	2	肌注	
伪狂犬基因缺失苗	134	头份	1	肌注	
猪瘟弱毒苗	141	头份	1	肌注	
细小病毒灭活苗	155	毫升	2	肌注	
乙脑活苗	148	头份	1	肌注	
猪繁殖与呼吸综合征苗	162	头份	1	肌注	
伪狂犬基因缺失苗	169	头份	1	肌注	
猪瘟弱毒苗	176	头份	1	肌注	
乙脑活苗	183	头份	1	肌注	
细小病毒灭活苗	190	毫升	2	肌注	
口蹄疫O型灭活苗	197	毫升	2	肌注	

(3) 怀孕及哺乳母猪免疫程序 见表3-5。

表3-5 怀孕及哺乳母猪免疫程序

疫　苗	免疫时间(次数)	单位	剂量	用法	疫苗产地
猪繁殖与呼吸综合征苗	孕后75天	头份	1	肌注	
伪狂犬基因缺失苗	孕后85天	头份	1	肌注	
萎缩性鼻炎	孕后90天	头份	1	肌注	
猪繁殖与呼吸综合征苗	产后7天	头份	1	肌注	
口蹄疫O型灭活苗	每年3次,2、6、10月各一次	毫升	2	肌注	
猪瘟弱毒苗	产后23天	头份	1	肌注	
乙脑活苗	4月份一次	头份	1	肌注	
猪传染性胃肠炎、猪流行性腹泻、猪轮状病毒三联活苗	产前40天和产前20天各一次	头份	1	后海穴注射	
细小病毒灭活苗	产后15天	毫升	2	肌注	

(4) 仔猪、出售种猪、育肥猪免疫程序 见表3-6。

表3-6 仔猪、出售种猪、育肥猪免疫程序

疫苗	免疫时间(次数)	单位	剂量	用法	疫苗产地
伪狂犬gE基因缺失苗	1～2日龄	头份	1	滴鼻	
猪传染性胃肠炎、猪流行性腹泻、猪轮状病毒三联活苗	3～7日龄	头份	1	后海穴注射	
支原体苗	7日龄	头份	1	肌注	
猪繁殖与呼吸综合征苗	15日龄(一边一针)	头份	1	肌注	
圆环病毒苗	15日龄(一边一针)	毫升	1	肌注	
支原体苗	25日龄	头份	1	肌注	
猪瘟弱毒苗	30日龄	头份	1	肌注	
圆环病毒苗	35日龄(一边一针)	毫升	1	肌注	
伪狂犬gE基因缺失苗	45日龄	头份	1	肌注	
口蹄疫O型灭活苗	55日龄	毫升	2	肌注	
猪瘟弱毒苗	65日龄	头份	1	肌注	
口蹄疫O型灭活苗	85日龄	毫升	2	肌注	

(三) 猪场驱虫

1. 猪场常见寄生虫

寄生虫病是生猪养殖过程中的常见病，寄生虫掠夺猪的营养、影响生长速度，严重时甚至引起死亡。

(1) 蠕虫类寄生虫 包括吸虫、绦虫、线虫、棘头虫四类。

① 吸虫包括姜片吸虫、华支睾吸虫等。

② 绦虫包括猪囊尾蚴(猪囊虫)、细颈囊尾蚴、棘球蚴等。

③ 线虫包括猪蛔虫、猪后圆线虫、猪毛首线虫(猪鞭虫)、猪食道口线虫(结节虫)、猪肾虫、猪旋毛虫。

④ 棘头虫包括猪棘头虫。

(2) 蜱螨与昆虫 包括猪疥螨、猪血虱等。

(3) 原虫 包括猪球虫、猪弓形虫、住肉孢子虫等。

由于养殖环境的变化，当前危害规模化猪场的寄生虫主要是单宿主寄生虫。常见的有猪蛔虫、猪食道口线虫、猪毛首线虫、猪疥螨、弓形虫以及猪球虫等。

2. 猪场常用的驱虫药物

当前猪场常用的驱虫药物及使用注意事项如下。

(1) 阿维菌素类药物 阿维菌素类药物包括阿维菌素、伊维菌素、多拉菌素。为低毒、高效、广谱驱线虫药，对节肢动物螨、蜱、虱及蝇幼虫等亦有杀灭作用。本品对吸虫、绦虫以及猪的鞭虫无效。本品特点为不易使寄生虫产生耐药性。应该注意的是，母猪产前一周内不宜使用该类药物驱虫。阿维菌素类药物使用过量引起中毒时，不能使用阿托品进行解救。

(2) 盐酸左旋咪唑 对胃肠道、呼吸道及泌尿道线虫均有作用。

(3) 阿苯哒唑（丙硫咪唑）**或芬苯哒唑**（硫苯咪唑、苯硫苯咪唑） 本品为苯并咪唑类驱虫药，对线虫、吸虫、绦虫均有驱除作用，并具有杀虫卵作用，治疗量无任何不良反应。但对动物的长期毒性观察，发现有胚胎毒和畸胎形成，对卵巢有损伤，母猪慎用。芬苯哒唑适口性好，毒性低。

(4) 吡喹酮 本品为高效、低毒、广谱的驱绦虫、驱吸虫药。对猪姜片吸虫、华支睾吸虫有较高的疗效。对猪囊尾蚴、细颈囊尾蚴及棘球蚴的早期阶段均有效。

(5) 妥曲珠利（甲基三嗪酮、百球清） 本品为新型广谱抗球虫药。既能杀灭有性生殖阶段的球虫虫体，又能杀灭无性生殖阶段的球虫虫体，是治疗猪球虫病的首选药物。

(6) 二甲硝咪唑（替硝唑、达美素） 本品是新型抗组织滴虫药，对猪的结肠小袋虫有很好的效果。

(7) 磺胺类 磺胺药属广谱抗菌药，在体内有良好的组织分布，广泛用于各种细菌的感染，但磺胺药对附红细胞体无效。在抗寄生虫方面，磺胺药主要应用于控制弓形虫病。生产中常用磺胺类药物的复方制剂：如磺胺嘧啶（SD）、磺胺-5-甲氧嘧啶（SMD）、磺胺-6-甲氧嘧啶（SMM）等与甲氧苄氨嘧啶（TMP）或二甲氧苄氨嘧啶（DVD）的复方制剂合用。使用中要注意其所用磺胺类药物种类、含量、添加剂量、持续使用时间等。

(8) 抗梨形虫药

① 三氮脒（贝尼尔、血虫净） 多肌肉注射，用于治疗巴贝斯虫病。治疗量无毒性反应。过量使用会引起中毒，表现胆碱能神经兴奋症状，可以用阿托品注射进行缓解。

② 咪唑苯脲（双脒苯脲） 作用同三氮脒，多肌内注射。

(9) 外用驱虫药

① 双甲脒乳油 它对各种螨、虱、蜱、蝇等均有杀灭作用，且能影响虫卵活力，对人畜无害。使用时配成0.05%溶液，常用于猪体及畜舍地面和墙壁等处，此药停药期为7天。

② 有机磷类 敌百虫、敌敌畏等。敌百虫按每千克体重80～100mg口服用药，对猪蛔虫、毛首线虫和食道口线虫均有较好的驱除作用；1%敌百虫（或1‰敌敌畏）给猪体表喷洒用药，对疥螨有一定杀灭作用。

敌百虫使用注意事项：因毒性大，不要随意加大剂量；其水溶液应现配现用，禁止与碱性药物或碱性水质配合使用；用药前后，禁用胆碱酯酶抑制药（如新斯的明、毒扁豆碱）、有机磷杀虫剂及肌松药（如琥珀胆碱），否则毒性大大增强；怀孕母猪及胃肠炎患猪禁用；休药期不得少于7天。

③ 戊酸氰菊酯（速灭菊酯） 对螨、蜱、虱、蚊等有强触杀作用。

3. 驱虫药用法

猪场的驱虫药的应用，一般可分为口服法和注射法，口服法又可分为一次性投喂法与混饲法，此外也有采用驱虫药物的透皮剂型驱虫的方法。

（1）混饲法 是将驱虫药物以较低剂量预混合于饲料中，让猪自由采食，一般用药 7 天，是目前多数猪场采用的驱虫方法。其优点是操作简便，节省劳力，适宜对较大群体驱虫时采用。其缺点是猪只的采食量多少不均，获取的药物量不同，甚至可能会有少量猪只因采食量少导致药物摄入量不足，使其体内外寄生虫不能被有效杀灭。

（2）一次性投喂法 向猪群一次性投喂全剂量的驱虫药物的驱虫方法在一些猪场也常被采用。但在一个较大的群体中，由于采食量的差异，常出现有的猪只摄入药物的量超过安全剂量而发生中毒，而有的猪又因为未摄入足够的药物而驱虫效果不佳。因此，这种方法不常用于大群体的驱虫，仅在较小的猪群中使用。

（3）注射法 使用驱虫药物的针剂逐头按剂量注射的方法。这一方法的优点是可使猪只获得足够的驱虫药物，可用于治疗一些体外寄生虫感染严重的猪只。其缺点在于工作量较大，且会对猪群造成较强的应激反应。该方法猪场较少使用。

（4）涂抹法 将驱虫药物制成透皮剂型，在驱虫时将这种药物涂抹于猪背正中线上，药物经皮肤吸收后发挥驱虫作用。该方法猪场较少使用。

4. 猪场常用驱虫方案

（1）阶段性驱虫方案 该方案是指猪在某特定阶段进行定期驱虫。常用的方法如下：妊娠母猪产前 15 天左右驱虫 1 次；保育阶段驱虫 1 次；后备种猪转入种猪舍前 15 天左右驱虫 1 次；种公猪一年驱虫 2～3 次。

此方案能较好地控制集约化猪场肉猪阶段的寄生虫感染，但种猪仍在一定程度上存在寄生虫感染，且用药时间分散，实际执行较为困难，适合于小型猪场。

（2）“四加一”驱虫方案 即种猪一年驱虫 4 次；仔猪在保育

阶段或生长阶段驱虫 1 次；引进种猪并群前驱虫 1 次。

具体操作程序如下。

① 空怀母猪、妊娠母猪、哺乳母猪、种公猪每隔 3 个月驱虫一次，即一年驱虫 4 次。

② 仔猪在保育或生长猪阶段驱虫 1 次。

③ 引进种猪在并群前驱虫 1 次。

此方案在部分猪场实施，取得了良好效果。

各猪场可根据猪场寄生虫感染程度以及饲养管理等情况，制订本场防制寄生虫的方案。应选用广谱、低毒、安全，能驱杀疥螨、线虫成虫和幼虫，使用方便，可通过拌料给药的驱虫药。目前猪场多用伊维菌素-芬苯哒唑预混剂进行驱虫。

四、兽医化验员岗位生产指导书

（一）猪场实验室检测的作用及应用

1. 实验室检测的作用

（1）快速、准确诊断疫病 临床诊断，包括流行病学、症状及病变是疾病诊断的基础，但对动物传染病而言，实验室检测是确诊的重要依据。

（2）确认免疫效果 对大多数传染病来说，动物体内的抗体水平与免疫效果直接相关。免疫接种后，通过实验室对抗体水平进行检测，证实免疫群体抗体滴度达到保护水平，并具有良好均匀度，证明免疫有效。如果发现免疫没能达到预期效果，则要检查疫苗质量、免疫程序和管理措施等，查找原因并及时进行补免。此外，多种免疫抑制因素可影响免疫效果，分别在免疫前和免疫后3～4周对免疫动物采血进行抗体检测和比较，可及时发现免疫抑制因素，并及时纠正。

（3）掌握动物体内抗体动态和确定免疫时机 疫苗初次进入动物机体后，需要经历一定的潜伏期才能形成抗体。因此，免疫初期抗体检测为阴性，经过一段时间逐渐升高，到达峰值，再由峰值逐渐消失，形成一次抗体消长周期。在首次抗体曲线的末段，再次接种疫苗，体内残留的抗体迅速地与新引入的抗原结合，反而使原来的抗体水平降低，但随后抗体开始显著上升，在短时间内达到高峰，并且保持较长时间，然后才逐渐地下降。如果免疫时机不当，体内抗体水平过高，再次免疫时，由于新进入的疫苗（抗原）与过高的抗体发生中和反应，使较大部分抗原失效，能够有效免疫刺激的抗原量减少，从而刺激机体产生抗体能力变弱，导致免疫失败。通过实验室检查，监控机体免疫状况，可以选择最佳的时机进行免疫，提高免疫效果。

另外，可以根据对仔猪母源抗体检测结果，确定首次免疫时间。由于种猪场在种猪产仔前对其进行加强免疫，因此仔猪体内含有母源抗体。母源抗体能保护仔猪免受强毒侵袭，同时也可与接种的疫苗发生中和作用而导致免疫失败。如首免时间过早，则疫苗易被中和；如首免时间过晚，则出现免疫空白期，增大感染的风险。两种情况均不能保护仔猪抵御病原的感染。因此，在对仔猪进行免疫接种前，检测其母源抗体水平，并根据母源抗体消长规律确定最佳的首免时间。

(4) 制定科学的免疫程序 根据当地疫病流行情况，结合实验室检测结果，制定最佳免疫程序。动物整个养殖周期中需进行多种疫苗的接种，由于各种传染病的易感日龄不同、各种疫苗间有可能存在着相互干扰作用、不同疫苗接种后的抗体消长规律不同，因此要求养殖场制定出适合本场的免疫程序。准确选择免疫时机是制定免疫程序的关键，而免疫时机选择的首要依据是母源抗体和残余抗体的影响，因此对动物群体免疫监测对选择恰当的免疫时机，制定适合本场的免疫程序，提高免疫成功率极为重要。

(5) 及时发现野毒感染和净化猪群 免疫良好的猪群，其抗体水平具有较好的均匀度。在免疫监测中，如果发现抗体不整齐，异常高水平抗体的出现，常提示有野毒感染的存在。在对未免疫动物种群进行流行病学调查时，抗体水平是感染的主要依据。对于伪狂犬基因缺失苗免疫种猪，缺失抗体的存在是种猪带毒的证据，通过淘汰或隔离野毒阳性种猪，建立伪狂犬阴性猪群，可以有效净化伪狂犬病。

2. 检测结果的应用

管理良好的养猪场选用相对固定的疫苗和免疫程序，同时采用重复性和稳定性良好的诊断试剂检测，其猪群的抗体应当有一定的规律可循，也就是有一个保护基准线。抗体一旦偏离基准线，如大幅度升高或降低，都提示兽医技术人员关注猪群免疫状况和野毒感染状况。如检测发现抗体水平低于保护值，要及时进行补免，补免仍然达不到效果，则应从疫苗质量、免疫抑制病、疫苗剂量等方面查找原因，及早采取措施。对于有问题的养殖场或规模小的养殖户，应通过抗体检测来检验疫苗质量和免疫程序，不断改善动物的抗体状况，同时加强生物安全方面的管理，使猪群免疫状况始终处于理想状态，最终达到控制疫病的目的。兽医化验员要与兽医主管做好沟通，明确检测目的，按要求进行检测。并及时准确地出具检测报告。

如果检测出送检猪场流行某种动物疫病，应立即采取针对性的无害化处理病死畜、紧急免疫、消毒等综合防控措施，必要时，按照《动物防疫法》进行疫情上报。

在细菌病检测中，通过抗菌药物敏感性试验筛选药物，应用筛选出的敏感药物进行预防或治疗。

（二）猪场实验室常用的检测方法

1. 血清学方法

常用的血清学诊断技术包括凝集试验、酶联免疫吸附试验（ELISA）、琼脂凝胶扩散试验（AGP）、血清中和试验（SNT）、血凝抑制试验（HI）、补体结合试验等。目前在猪病检测中应用最多的是酶联免疫吸附试验、凝集试验等。

（1）凝集试验 颗粒性抗原（如细菌、红细胞等），与含有相应抗体的血清混合，在电解质存在的条件下，抗原与抗体结合，形成肉眼可见的凝集颗粒。

凝集反应用于测定血清中抗体含量时，将血清连续稀释（一般用倍比稀释）后加定量抗原；测抗原含量时，将抗原连续稀释后加定量抗体。抗原抗体反应时，出现明显反应终点的被检血清或抗原的最高稀释度称为效价或滴度。

凝集试验可根据抗原性质、反应方式分为直接凝集试验（简称凝集试验）、间接凝集试验等。下面，以O型口蹄疫正向间接血凝试验为例，简要介绍凝集试验。

① 原理　抗原与其对应的抗体相遇，在一定条件下会形成抗原-抗体复合物，但这种复合物的分子团很小，肉眼看不见。若将口蹄疫抗原吸附（致敏）在经过特殊处理的红细胞表面，只需少量抗原就能大大提高抗原和抗体的反应灵敏性，这种经过口蹄疫纯化抗原致敏的红细胞与口蹄疫抗体相遇并结合，出现清晰可见的红细胞凝集现象。

② 适用范围　主要用于检测 O 型口蹄疫免疫动物血清抗体效价。

③ 结果判定　猪的 O 型抗体正向间接血凝试验的抗体效价≥2^5判为合格。在对照孔合格的前提下，再观察待检血清各孔，以呈现“++”凝集的最大稀释倍数为该份血清的抗体效价。例如 1 号待检血清 1～5 孔呈现“++至+++”凝集，6～7 孔呈现“++”凝集，第 8 孔呈现“+”凝集，第 9 孔无凝集，那么就可判定该份血清的口蹄疫抗体效价为 2^7（1∶128），免疫合格。

(2) 酶联免疫吸附试验　ELISA 是当前应用最广、发展最快的一项新技术。其基本过程是将抗原（或抗体）吸附于固相载体，在载体上进行免疫酶反应，底物显色后用酶标仪判定结果。当天即可得到检测结果。下面介绍两种常用的酶联免疫吸附试验。

① 猪口蹄疫病毒 VP1 结构蛋白抗体酶联免疫吸附试验

a. 原理　采用口蹄疫病毒 VP1 合成肽固相化抗原包被于微孔板的微孔表面上。在相应的反应孔中加入稀释的对照和待检血清，经孵育后，若样品中含有口蹄疫病毒特异性抗体，则将与多肽抗原结合而吸附于反应孔表面，经洗涤除去未结合抗体和样品其他组分后，再加入辣根过氧化物酶标记的基因重组蛋白 A/G，同已结合在反应孔内的样品中的口蹄疫病毒抗原抗体复合物发生特异性结合，再经洗涤除去未结合的酶结合物，在各孔中加入 TMB（四甲基联苯胺）底物工作液，将产生酶分解 TMB 的蓝色产物，其颜色的深浅与待检样品中口蹄疫病毒特异性抗体含量成正比，加入硫酸溶液终止反应后，用酶标仪 450nm 波长测定各反应孔中的 OD 值。

b. 适用范围　用于检测猪口蹄疫病毒VP1结构蛋白抗体。与猪口蹄疫病毒非结构蛋白抗体酶联免疫吸附试验诊断试剂盒联合使用，可区分口蹄疫病毒感染动物及疫苗免疫动物。

c. 结果判定　阴性对照孔平均OD值应≤0.20，每个阳性对照孔OD值应≥0.5，且≤2.0。否则，试验无效。临界值=0.23×阳性对照孔平均OD值；被检样品孔OD值<临界值时，判为阴性，即为抗口蹄疫病毒VP1结构蛋白抗体阴性；被检样品孔OD值≥临界值，判为阳性；对判定结果为阳性的样品，应用2个孔进行重复检测，重复检测后若至少有一个孔为阳性，则判为口蹄疫病毒VP1结构蛋白抗体阳性；若两孔均为阴性，则判为口蹄疫病毒VP1结构蛋白抗体阴性。根据农业部规定，VP1结构蛋白抗体ELISA的抗体效价≥2^5判为免疫合格。

当猪口蹄疫病毒VP1结构蛋白抗体酶联免疫吸附试验诊断试剂盒与猪口蹄疫病毒非结构蛋白抗体酶联免疫吸附试验诊断试剂盒联合使用时，按下列标准进行最终判定。

VP1试剂盒检测结果 / NS试剂盒检测结果	+	−
+	感染动物	感染动物
−	疫苗接种动物	正常动物

② 猪瘟病毒抗体阻断ELISA试验（以IDEXX公司试剂盒为例）

a. 原理　猪瘟病毒抗体ELISA检测试剂盒是用来检测猪血清或血浆中猪瘟病毒抗体的检测试剂盒。该试剂盒是用猪瘟病毒抗原包被的微量反应板，利用阻断ELISA原理来检测猪血清或血浆中猪瘟病毒抗体。如果被检样品中存在猪瘟病毒抗体，它们就会阻断辣根过氧化物酶标记（HRPO）的抗猪瘟病毒的单克隆抗体。单克隆抗体与猪瘟病毒抗原的结合可以通过辣根过氧化物酶与底物的显色程度进行判定，即用酶标仪测定该反应体系的吸光度。当被检样品中含有猪瘟病毒抗体（阳性结果）时，显色就会变浅，当被检样品中不含有抗猪瘟病毒抗体（阴性结果）时，显色就会变深。样本的阻断率可以通过样本吸光度与阴性对照吸光度的比值来确定。一个 ELISA 反应板可以检测 92 份样品（另加两个对照，每个双孔），或 46 个未知样品，每个样品加双孔。双孔检测法有利于检测结果的准确性。

b. 适用范围　用于检测猪瘟病毒免疫抗体。

c. 结果判定　被检样本的阻断率大于或等于 40%，该样本就可以被判为阳性（有 CSFV 抗体存在）。被检样本的阻断率小于或等于 30%，该样本就可以被判为阴性（无抗 CSFV 抗体存在），被检样品的阻断率在 30%～40%之间，应在数日后再对该动物进行重测。

(3) 血清学检测注意要点

① 血清学评价标准　免疫效果的血清学评价通常以某种传染病发生时保护性抗体的最低值（临界值）作为依据，经常应用的评价指标是抗体的转化率和抗体的平均滴度。抗体转化率是衡量疫苗接种效果的重要指标之一，是指被接种动物免疫接种后抗体转为阳性者所占的比例。如检查免疫后 14～21 天达到免疫保护临界值的血清样品占总样品的百比率，70%的动物在免疫保护临界值（如口蹄疫 O 型抗体滴度达到 2^5）以上，即可认为免疫合格，可以有效抵御野毒的侵袭。

② 免疫监测的频率　养猪场建立某种病的抗体监控程序要充分考虑本场的饲养管理情况和免疫程序等因素，不同的养殖场应建立适合自己的监控程序，但要注意采用正确的采样方法和样品数量，同时还要保证一定的频率。一般疫苗免疫后 3～4 周开始检测免疫效果，以后每隔 4～5 周检测一次。母源抗体的监测，以猪瘟为例，猪瘟母源抗体半衰期大约 10～14 天，一般延续到 2 个月，不同免疫程序、不同的猪群母源抗体消长时间差异较大。母源抗体监测宜在仔猪 10～15 日龄左右进行，以确定首免时间；对于种用动物至少每半年进行一次抗体检测，评估其健康状态和抵抗力，并预测其后代的母源抗体水平；对预备种用的动物，要先进行抗体检

测以确保其状态和抗体水平。

③ 采样数量　免疫效果监测时，根据猪群大小确定采样量，一般每群血清样品应采集20～30份。

2. 病原学检测技术

病原学检测技术是对包括病原微生物和其基因进行检测的系列技术，是动物传染病确诊的直接确证。

(1) 细菌的分离鉴定及药敏试验

① 细菌涂片的制备及染色　细菌个体微小，无色而半透明，染色后在显微镜下才能较清楚地显示其形态结构和不同的染色特性。此为鉴别细菌的重要依据之一。

② 细菌的分离培养　兽医实验室最常用的细菌培养基是普通营养琼脂、鲜血琼脂、麦康凯琼脂、三糖铁琼脂培养基等。根据细菌在不同培养基上的生长表现，结合其形态特征、生化反应特征，可鉴定细菌的种类。

③ 细菌对抗菌药物的敏感性试验　由于抗生素、化学合成药物的广泛应用，细菌对药物的耐药性越来越强，通过药敏试验确定敏感药物对于细菌病的预防和控制至关重要。药物敏感试验最常用的方法是滤纸片扩散法。

(2) 病毒的分离培养　病毒分离培养是病毒性疫病检测、诊断和流行病学调查的重要方法之一。常用于病毒分离培养的方法包括为鸡胚接种、动物接种、易感细胞培养、活体组织培养等。分离到病毒后，可进一步通过电镜观察、中和试验、基因测序、动物感染试验等对其进行鉴定，从而达到确诊的目的，但大多数猪场实验室不具备病毒分离培养的条件。

(3) 分子生物学技术　目前，广泛用前临床诊断的分子生物学技术为聚合酶链式反应（PCR）技术。该法具有快速、特异、敏感的特点，一般24h内即可出结果。广泛用于病原基因的检测。猪瘟、口蹄疫、猪繁殖与呼吸综合征、圆环病毒2型、伪狂犬病、细小病毒病等均有成熟的商化品检测试剂盒出售。

① PCR技术的基本原理。PCR技术是在模板DNA、引物和4种脱氧单核苷酸存在的条件下，依赖于DNA聚合酶进行的一种酶促合成反应。PCR以欲扩增的DNA作为模板，以和模板正链和负链末端特异性互补的两种寡聚核苷酸作为引物，在Taq DNA聚合酶的作用下，经高温变性、低温退火、中温延伸的循环，使特异性DNA片段的基因拷贝数放大1倍。经过30～35个循环，最终使基因拷贝数放大数百万倍。将扩增产物进行电泳，经溴化乙啶等染色后，在紫外灯照射下，肉眼可见DNA片段的扩增带。对RNA病毒检测采用反转录聚合酶链反应（RT-PCR），RT-PCR是PCR反应的一种，首先提取病毒RNA，在反转录酶的作用下，以RNA为模板，以引物为起点合成与RNA模板互补的cDNA链，随后进行PCR反应。

② 结果判定　在阳性对照出现目标扩增带、阴性对照无带出现时，试验结果成立。被检样品出现阳性对照相同位置的扩增带为阳性，否则为阴性。

比如，高致病性猪繁殖与呼吸综合征的检测，针对猪繁殖与呼吸综合征病毒NSP2变异区设计引物，对高致病性猪繁殖与呼吸综合征病毒进行检测。经过病料处理、RT-PCR反应、电泳、紫外灯照射观察，即可得到检测结果。阳性对照出现400bp扩增带，阴性对照无对照扩增带时，试验成立，试验样品出现400bp扩增带为PRRSV（NSP2 1594～1680变异株）阳性，否则判为阴性。

（三）兽医化验员工作流程及实验室检测计划

1. 兽医化验员工作流程

（1）工作程序

① 准备试验仪器，配制检测试剂。

② 样品检测。兽医化验员接到样品后4h内检测，按照兽医操

作规程工作。

③ 填写报告单，由主管签字交经理阅后，送相关部门，并请相关部门签字。

④ 清理工作台及试验设备和仪器。

⑤ 填写工作统计表。

(2) 工作标准

① 根据猪场防疫程序对猪瘟疫苗、猪伪狂犬疫苗、猪繁殖与呼吸综合征等疫苗的防疫效果进行动态检测，并出具报告，填写猪场疫苗抗体检测统计表。

② 根据兽医主管的安排进行相应疾病抗体的检测。

③ 根据兽医主管的安排，采集病料对病原进行初步的分离与鉴定。

④ 定期进行饮水卫生检测和饮水余氯的测定。

⑤ 爱护设备和仪器，药品的保存执行化验室试剂储存规定。

⑥ 下班及节假日期间水、电及不使用的设备必须关闭。

⑦ 血液样本 2 日内出结果，水样 4h 内检测（出具结果需要时间与试验方法有关），药敏试验 3 日内出结果；填好报告单，由主管签字后，在当日发送到相关部门；报告单要填写完整、准确。

⑧ 所有的试验必须做好原始记录，原始记录要保持干净整洁，不准随意涂改。

⑨ 严格按照兽医操作规程工作，严格按照设备的使用和维护进行操作。

2. 实验室检测计划

兽医化验员应根据当前猪病的发病规律和流行病学特点，结合本场的发病特点，针对性地做好疾病跟踪检测，以便掌握猪场抗体规律和病原谱特点，抓住疫病防控的关键点，少走弯路，保证养猪生产的顺利进行。

(1) 对猪场现用消毒液实验室消毒效果的检测，以选择适用于本场的高效消毒液。

(2) 定期对养殖用水进行微生物的检测，每个季度取样检测一次，保证养殖用水的安全。

(3) 饲养管理各个环节、局部消毒效果的检测和监督。确保采精无菌操作，输精时对母猪阴户周围局部彻底消毒；人工授精的所有用品彻底灭菌；母猪分娩时，乳房和阴户周围严格有效的消毒及产后子宫炎的分类处理等。

(4) 人工授精前，必须测定精子活力；同时季度性评价公猪成绩。

(5) 对于有代表性的病猪、病死猪要进行剖检、送检和药敏试验及保存备份病料（肝、肺、肾、扁桃体、血清、淋巴结）。根据药敏试验结果选择敏感药物治疗或预防继发感染；保存的病料为进一步的抗原检测做准备。

(6) 后备公母猪和青年公母猪（主要是1.5岁之前）必须全群检测如下几种疾病的抗体水平，确保抗体有效保护；如若有不能保护的及时进行补充免疫。

① 采血时间　后备猪和一胎母猪于邻近配种前采血，检测抗体水平，分析评估疫苗免疫效果。

② 检测项目　抽测猪瘟抗体、猪繁殖与呼吸综合征抗体、猪伪狂犬 gE 抗体、猪伪狂犬 gB 抗体、猪口蹄疫抗体；猪乙型脑炎抗体、猪细小病毒阳性保护抗体；免疫不合格者补充免疫。伪狂犬 gE 抗体阳性者，淘汰。

(7) 哺乳仔猪、断奶仔猪和保育猪

① 采血时间定于免疫后21天，采样量为20～30份。检测猪瘟抗体、伪狂犬 gB 抗体。

② 20日龄、30日龄、45日龄、65日龄、80日龄采血各10份，检测猪繁殖与呼吸综合征抗体，分析疫苗免疫效果和临床野毒感染状态（最好编号固定猪只）；检测猪瘟等抗体水平，分析最佳首免日龄，实验选择优质疫苗（均匀的抗体滴度和较长的持续时间）。

(8) 对于基础成年猪群（抽样检测，一般一个群体30头份）

① 猪瘟　免疫后21天采血，检测猪瘟抗体的保护率（一个批次疫苗或一个季度采血检测一次）。

② 猪繁殖与呼吸综合征　免疫后5～7周采血，检测其抗体阳性率和离散度分析。种公猪群和后备公猪群要全群采血检测猪繁殖与呼吸综合征抗体水平，S/P值超过2.5的公猪进行精液猪繁殖与呼吸综合征病原的PCR检测。

③ 猪伪狂犬gB抗体检测和gE抗体检测　疫苗免疫后21天采血30头份，以检测免疫抗体水平和野毒感染情况。

④ 口蹄疫　疫苗免疫后30天，抽样30份检测抗体水平（包括基础种公母猪）。

(9) 生长/育成种猪（尤其对于种公猪）　日龄超过5月龄的外售种猪要求免疫乙型脑炎疫苗和细小病毒疫苗；日龄不足的提供免疫程序。

(10) 其他　根据情况临时安排。

一些主要疫病的监测方法及判定标准见表4-1。

表4-1　一些主要疫病的监测方法及判定标准

疫病	检测方法	判定结果或意义
猪瘟	间接血凝试验	抗体低于1：16时，要接种疫苗
	单抗ELISA	检测强弱毒感染，为消灭猪瘟所必须采用的诊断方法
	荧光抗体检查	亮绿色荧光表示检出猪瘟病毒抗原，但不能区分牛病毒性腹泻病毒与猪瘟病毒
	兔体交互免疫试验	诊断病料中的抗原为强毒株或疫苗毒株
	中和试验	区分猪瘟病毒抗体和牛病毒性腹泻抗体，不能区分强毒和疫苗毒株产生的抗体
伪狂犬病	中和试验、琼脂扩散、血凝及血凝抑制	(1)血清抗体为1：2，均判为阳性感染；(2)也可用于抗体水平监测，但目前尚无判定达到保护力和血清抗体滴度的标准，因为伪狂犬病病毒有潜伏感染，并可被激活的特性
	乳胶凝集试验	现场检疫，出现凝集即判为阳性感染
	PCR、核酸探针	出现特异性扩增条带或出现杂交信号
	gE缺失蛋白-ELISA	鉴别gE基因缺失疫苗免疫猪和强毒感染猪

续表

疫病	检测方法	判定结果或意义
口蹄疫	琼脂扩散试验	检测水泡皮中的抗原，检测 VIA 抗体，研究感染 FMDV，1∶20 为阳性
	间接血凝试验	血清抗体 80%以上为 1∶128 时为免疫合格，否则重免
细小病毒病	血凝抑制试验 阻断夹心 ELISA	用于进出口动物血清的检测：(1)抗体滴度 1∶20 判为阳性；(2)引进猪时隔离饲养 15 天，HI 价在 1∶256 以下或阴性时合群饲养
	试管凝集	三月龄猪血清抗体为 1∶80 即判为阳性
	血清或全血乳胶凝集	现场检疫，出现凝集，即判为阳性感染
气喘病	间接血凝试验	≥1∶10 为阳性，≤1∶5 为阴性，介于两者之间为可疑，阴性和可疑者 4 周后重检，如两次为阴性则判为无气喘病，两次结果为可疑判为阳性
TGE	荧光抗体检测	取空肠、回肠黏膜定性检测 TGEV
	中和试验	检测双份血清，康复期血清抗体为急性期的 4 倍以上，判为阳性
PED	间接免疫荧光试验	亮绿色荧光判为抗原阳性
乙型脑炎	血凝抑制试验	双份血清相差 4 倍时，判为感染
	血清中和试验	抑制病毒产生病变
	乳胶凝集试验	现场检疫，出现凝集，即判为阳性感染
衣原体病	间接血凝试验	(1)抗体滴度 1∶64 为阳性感染；(2)晚期血清比早期血清高 4 倍，也可判为阳性
猪繁殖与呼吸综合征	免疫过氧化物酶试验	可检测感染后 6 天的抗体，敏感性差
	间接免疫荧光试验	同上
	血清中和试验	可检测感染后 11 天的抗体
	ELISA	敏感、特异，可检测早期抗体
猪肺疫	红细胞被动凝集	检测 K 抗原(A、B、D、E、F)的抗体
	试管凝集、凝胶扩散	检测 O 抗原的抗体
布鲁菌	试管凝集试验	抗体在 1∶50 以上判为阳性，1∶25 为可疑，3～4 周后再查，仍为可疑则根据临床症状及猪群中血清阳性率高低综合考虑
弓形虫	间接血凝试验	阳性对照血凝价≥1∶1024 时，血清效价≥1∶64 为阳性
传染胸膜肺炎	玻片或试管凝集 间接血凝试验	有混合抗原和分型抗原检测

（四）猪的采血及病料的选取、包装和运送

1. 猪的静脉采血和血清分离

（1）实验准备

① 器具　灭菌的采血针或注射器、离心管、镊子。

② 药品　常用的药品有抗凝剂、5%碘酊、75%酒精。

③ 仪器　离心机。

（2）猪的静脉采血及血清分离

① 耳静脉采血　耳静脉在猪耳背。采血时将猪站立或横卧保定，耳静脉局部按常规消毒处理。

a. 助手用手指捏压耳根部静脉血管处或用胶带于耳根部结扎，使静脉怒张（或用酒精棉反复于局部涂擦以引起其淤血）。

b. 术者用左手把持猪耳，将其托平并使采血部位稍高。

c. 右手持连续针头的采血器，沿静脉管使针头与皮肤呈15°角刺入皮肤及血管内，轻轻抽引注射器活塞。如见回血即为已刺入血管，再将针管放平沿血管稍向前伸入。

② 前腔静脉采血　采血部位在两前肢连线与气管交汇处前侧方，颈部凹陷窝处。由于左侧靠近膈神经而易损伤，故多于右侧进行采血。

采血方法如下。

a. 中大猪　站立保定，消毒后，针头刺入两前肢连线与气管交汇处，边退针边回抽注射器，见有回血即停止退针，采血3～5mL，局部按常规消毒处理。

b. 小猪　仰卧保定，消毒后，针头刺入右侧颈部最低凹处，见回血后即可，采完后拔出针头，采血2～3mL，局部按常规消毒处理。

③ 分离血清　血液采集后立即拔掉注射器针头沿试管壁注入

试管内，倾斜放置，可待血液凝固后自然析出血清后或离心（3000r/min 离心 10min）分离血清。

④ 采血注意事项

a. 应严格遵守无菌操作规程，对所有采血用具、采血局部，均应进行严格消毒。

b. 保定确实，采血手法要熟练，采血部位要准确，避免反复扎针采血。

c. 当重复扎针时要注意检查针头是否通畅。

2. 实验室检验材料的选取、包装和运送

(1) 实验准备

① 器材　剥皮刀、剖检刀、手术剪、镊子、手术刀、酒精灯、试管、注射器、针头、青霉素瓶、广口瓶、高压灭菌器、载玻片、灭菌纱布、脱脂棉等。

② 药品　3%来苏尔、0.1%新洁尔灭、5%碘酊、75%酒精。

③ 新鲜的动物尸体。

④ 其他　工作服、口罩、帽、擦镜纸、毛巾、肥皂、脸盆、火柴。

(2) 病料的采集、固定、送检包装和运送方法

病料采集工作程序和操作要求见表 4-2。

表 4-2　病料采集工作程序和操作要求

工作程序	操作要求
采样准备	(1)基本要求　无菌操作，所用的容器和器械都要经过灭菌处理，防止被检材料的外来污染和病原扩散。 (2)取料时间　原则上病猪死亡后 6h 以内。剖开胸、腹腔后，先取病料，再作检查，以减少肠道和空气中的微生物污染病料。
采样操作	采病料要有一定的目的性，按照怀疑的疾病范围采集病料，否则应尽可能地全面采集病料。采取病料的方法如下。 (1)实质器官(肝、脾、肾、淋巴结)　先将剪刀在酒精灯上烧灼灭菌后，烧烙取材器官的表面，再用灭菌的刀、剪、镊从组织深部取病料(1～2cm)，放在灭菌的容器内。

续表

工作程序	操作要求
采样操作	(2)血液、胆汁、渗出液、脓汁等液体病料　先烧烙心、胆囊或病变处的表面，然后用灭菌注射器插入器官或病变组织内抽取，再注入灭菌的试管或小瓶内，同时应作涂片2～3张。猪死后不久血液就凝固，无法采血样，但从心室内尚可取出少量(多数为血浆)。若死于败血症或某些毒物中毒，则血液凝固不良。 (3)全血　无菌操作采血3～5mL，盛于灭菌的容器内，容器内预先加抗凝剂(3.8%枸橼酸钠或10%乙二胺四乙酸钠)2～3滴，轻轻振摇。 (4)血清　无菌操作采血3～5mL，置于干燥的灭菌试管内，经1～2h后即自然凝固，析出血清。必要时可进行离心，再将血清吸出置于另一灭菌的小管内，冻存备用。 (5)肠内容物及肠壁　烧烙肠道表面，用吸管插穿肠壁，从肠腔内吸内容物，置入试管内，也可将肠管两端结扎后送检。 (6)皮肤、结痂、皮毛等　用刀、剪割取所需的样品。主要用于真菌、疥螨、痘疮的检查。 (7)脑、脊髓等病料　常用于病毒学的检查，无菌操作法采集病死猪的脑或脊髓，冻存备用。
病料固定	(1)及时取材，及时固定，以免自溶，影响诊断。 (2)选取的组织不宜太大，一般为3cm×2cm×0.5cm或1.5cm×1.5cm×0.5cm。可先切取稍大的组织块，待固定一段时间(数小时至过夜)后，再修整成适当大小，并换固定液继续固定。常用的固定液是10%福尔马林，固定液量为组织体积的5～10倍。容器可以用大小适宜的广口瓶。 (3)将固定好的病理组织块，用浸渍固定液的脱脂棉包裹，放置于广口瓶或塑料袋内，并将口封固，再用棉花包装入木盒内寄送。此时，应将整理好的尸检记录及有关材料一同寄出，并在送检单中说明送检的目的和要求。
包装运送要求	(1)涂片自然干燥，在玻片之间垫上半节火柴棒，避免摩擦。将最外的一张倒过来使涂面朝下，然后捆扎，用纸包好。 (2)装在试管、广口瓶或青霉素瓶内的病料，均需盖好盖，或塞好棉塞，然后用胶布粘好，再用蜡封固，放入保温箱中。盛病料的容器均应保持正立，切勿翻倒。每件标本都要写明标签。 (3)病料送检时应附带说明。内容包括送检单位、地址、动物种类、何种病料、检验目的、保存方法、死亡时间、剖检取材时间、送检日期、送检者姓名及电话号码，并附上病例摘要。
注意事项	(1)采取病料的工具、刀剪要锋利，切割时应采取切拉法。切勿挤压(使组织变形)、刮抹(使组织缺损)、冲洗(水洗易使红细胞和其他细胞成分吸水而胀大，甚至破裂)。 (2)所切取的组织，应包括病灶和其邻近的正常组织两部分。这样便于对照观察，更主要的是看病灶周围的炎症反应变化。 (3)采取的病理组织材料，要包括各器官的主要结构，如肾应包括皮质、髓质、肾乳头及被膜。 (4)当类似的组织块较多，易造成混淆时，可分别固定于不同的小瓶内，并附上标记。

（五）猪病毒性传染病检测技术

1. 猪瘟的实验室检测

猪瘟实验室检测常用的方法包括 PCR 检测猪瘟病毒、荧光抗体检测猪瘟抗原、单抗酶联免疫吸附试验鉴别猪瘟弱毒与强毒、ELISA 检测猪瘟抗体、正向间接血凝试验检测猪瘟抗体、免疫胶体金技术检测抗原和抗体。

(1) 实验材料

① 猪瘟病毒的荧光抗体检测

a. 器材　荧光显微镜、冰冻切片机、煮沸消毒锅、染色缸、滤纸等。

b. 试剂　0.01M pH7.2 PBS、伊文思蓝溶液、丙酮、蒸馏水、缓冲甘油、猪瘟荧光抗体、猪瘟兔化弱毒苗等。

c. 病料　疑似猪瘟病料。

② 猪瘟单抗 ELISA 检测　猪瘟单抗纯化抗原、兔抗猪 IgG 酶标抗体、猪瘟阳性血清、猪瘟阴性血清、ELISA 反应板、酶联免疫检测仪等。

③ 免疫胶体金技术检测抗原和抗体　猪瘟病毒抗原检测卡、猪瘟病毒抗体检测卡、吸管、塑料试管、待检血清、待检病料等。

④ 猪瘟正向血凝试验　V 型医用血凝板、猪瘟间接血凝抗原（猪瘟正向血凝诊断液）、阳性对照血清、阴性对照血清、稀释液、待检血清等。

(2) 方法步骤

① 猪瘟荧光抗体检测

a. 扁桃体冰冻切片和组织压片的制备　采取活体或新鲜尸体的扁桃体，按常规方法用冰冻切片机制成厚度为 4μm 切片，吹干后在预冷的纯丙酮中于 4℃ 固定 15min，取出风干。制作压片时，取一小块扁桃体、淋巴结、脾或其他组织，用滤纸吸去表面液体，然后取一块干净载玻片，稍微烘热，将组织小块的切面触压玻片，做成压印片，置室温内干燥。

b. 染色　用 1/40000 伊文思蓝溶液将荧光抗体作 8 倍稀释，将稀释的荧光抗体滴加到标本片上，于 37℃ 温箱内感作 30～40min。再用 pH 7.2 0.01M PBS 充分漂洗，分别于 2min、5min、8min 更换 PBS，最后用蒸馏水漂洗 2 次，吹干后滴加缓冲甘油数滴，加盖玻片封片，用荧光显微镜检查。

c. 镜检　在腺窝（隐窝）上皮细胞内可见到明显的猪瘟病毒感染的特异性荧光。在 100 倍放大观察时能清楚地看到腺窝的横断面，上皮细胞部分呈现新鲜的黄绿色，腺腔呈红色，其他组织呈淡棕色或黑绿色。高倍放大观察时细胞核呈黑色圆形或椭圆形，细胞质呈明亮的黄绿色。

d. 注意事项　注意废弃物的处理，防止散毒。

② 猪瘟单抗酶联免疫吸附试验

检测猪瘟抗体的 ELISA 方法对于开展流行病学调查具有重要的作用。

a. 用包被液将猪瘟弱毒单抗纯化酶联抗原、猪瘟强毒单抗纯化酶联抗原各做 100 倍稀释，每孔包被 100μL，4℃湿盒过夜。

b. 甩去孔内液体，用洗涤液冲洗酶联板 3 次，每次 3～5min，拍干。

c. 用 PBS 将待检血清做 400 倍稀释，每孔加 100μL。同时将猪瘟阳性血清、阴性血清各做 100 倍稀释，对照孔中各加 100μL，置 37℃ 1.5～2h。

d. 重复 b。

e. 用 PBS 将兔抗猪 IgG 酶标抗体做 100 倍稀释，每孔加 100μL，置 37℃1.5～2h。

f. 重复 b。

g. 每孔加入底物溶液 100μL，室温下观察显色反应。当阴性对照孔稍显色时，立即终止反应，并以阴性孔做空白对照。

h. 每孔加入终止液 50μL，用酶联免疫吸附检测仪测定 490nm 波长的光密度（OD）。

i. 结果判定

猪瘟弱毒酶联板　OD≥0.2，为猪瘟弱毒抗体阳性；OD<0.2，为猪瘟弱毒抗体阴性。

猪瘟强毒酶联板　OD≥0.5，为猪瘟强毒抗体阳性；OD<0.2，为猪瘟强毒抗体阴性。

③ 免疫胶体金技术检测猪瘟抗原和抗体

a. 免疫胶体金技术检测抗原　将猪瘟病毒抗原检测卡从铝箔袋中取出，水平放置并做好标记。

在检测卡的加样孔内加入 2 滴（70～100μL）待检血清/血浆/全血样品或鼻拭子稀释液。20min 内观察并记录试验结果。

结果判定如下。

阳性：对照线区（C）和检测线区（T）各出现一条紫红色线。

阴性：只有对照线区（C）出现一条紫红色线。

无效：未出现紫红色线或只在检测线区（T）出现紫红色线，对照线区（C）未出现紫红色线。

b. 免疫胶体金技术检测抗体　将猪瘟病毒抗体检测卡从铝箔袋中取出，水平放置并做好标记。

在检测卡的加样孔内加入 2 滴（70～100μL）待检血清/血浆/全血样品。20min 内观察并记录试验结果。

结果判定如下。

阳性：对照线区（C）和检测线区（T）各出现一条紫红色线。

阴性：只有对照线区（C）出现一条紫红色线。

无效：未出现紫红色线或只在检测线区（T）出现紫红色线，对照线区（C）未出现紫红色线。

c. 注意事项　检测样品可以是血清/血浆/全血。

检测卡从铝箔袋中取出后，应尽快进行实验，避免放置于空气中时间过长，试剂吸潮后将失效。

实验环境应保持一定湿度，避风，避免在过高温度下进行实验。

试剂盒在室温下保存，如在2～8℃冷藏，使用前应平衡至室温后方可打开铝箔袋进行检测操作。

试验方法的局限性　本试验可以对猪血清/血浆/全血样品中的猪瘟病毒和抗体进行定性检测，但用于猪瘟诊断时应结合其他症状和检测结果。

④ 猪瘟正向间接血凝试验

A. 试验过程和结果判定

a. 检测前，应将冻干诊断液，每瓶加稀释液5mL浸泡7～10天后方可应用。

b. 稀释待检血清　血凝板的第1孔至第6孔各加稀释液50μL。吸取待检血清50μL加入第1孔，混匀后从中取出50μL加入第2孔，依此类推直至第6孔混匀后丢弃50μL，从第1孔至第6孔的血清稀释度依次为1∶2、1∶4、1∶8、1∶16、1∶32、1∶64。

c. 稀释阴性和阳性对照血清　在血凝板上的第11排第1孔加稀释液60μL，加入阴性血清20μL混匀后取出30μL丢弃，此孔即为阴性血清对照孔。

在血凝板上的第12排第1孔加稀释液70μL，第2～7孔各加稀释液50μL，取阳性血清10μL加入第1孔混匀，并从中取出50μL加入第2孔混匀后取出50μL加入第3孔……直到第7孔混匀后弃50μL，该孔的阳性血清稀释度为1∶512。

d. 在血凝板上的第1排第8孔加稀释液50μL，作为稀释液对照孔。

e. 判定方法和标准　先观察阴性血清对照孔和稀释液对照孔，红血球应全部沉入孔底，无凝集现象“—”或呈“+”的轻度凝集为合格；阳性血清对照呈“+++”凝集为合格。

在以上3孔对照合格的前提下，观察待检血清各孔的凝集程度，以呈“++”凝集的待检血清最大稀释度为其血凝效价（血凝价）。血清的血凝价达到1∶16为免疫合格。

“－”表示红细胞100%沉于孔底，完全不凝集；

“＋”表示约有25%的红细胞发生凝集；

“＋＋”表示50%红细胞出现凝集；

“＋＋＋”表示75%红细胞凝集；

“＋＋＋＋”表示90～100%红细胞凝集。

B. 注意事项

a. 勿用90°或130°血凝板，以免误判。

b. 污染严重或溶血严重的血清样品不宜检测。

c. 冻干血凝抗原，必须加稀释液浸泡7～10天，方可使用，否则易发生自凝现象。

d. 用过的血凝板，应及时冲洗干净，勿用毛刷或其他硬物刷洗板孔，以免影响孔内光洁度。

e. 使用血凝抗原时，必须充分摇匀，瓶底应无血球沉积。

f. 液体血凝抗原4～8℃储存有效期为四个月，可直接使用。冻干血凝抗原4～8℃储存有效期为三年。

g. 如来不及判定结果或静置2h结果不清晰，可放置第2天判定。

h. 每次检测，只设阴性、阳性血清和稀释液对照各1孔。

i. 稀释不同的试剂要素时，必须更换吸头。

j. 血凝板和吸头洗净后，自然干燥，可重复使用。

⑤ 猪瘟抗体的ELISA检测　此为目前广泛使用的方法，根据检测试剂盒的说明进行样品检测和结果判定。

2. 口蹄疫检测技术

猪口蹄疫实验室检测常用的方法包括乳鼠接种试验、口蹄疫中和试验、口蹄疫琼脂扩散试验、猪口蹄疫抗体金标快速检测法。

(1) 实验材料

① 乳鼠接种试验

a. 器材　1mL灭菌注射器、灭菌吸管及试管、灭菌滤纸、灭菌剪刀、镊子、橡胶手套等。

b. 药品　青霉素、链霉素、无菌生理盐水或无菌磷酸盐缓冲液。

c. 实验动物　1～2日龄和7～9日龄乳鼠。

d. 病料　病猪水疱皮、水疱液等。

② 口蹄疫中和试验　药品包括口蹄疫A型、O型、C型和Asia型适应毒，标准阳性和阴性血清。

③ 口蹄疫琼脂扩散试验

a. 器材　平皿、打孔器、天平、恒温箱。

b. 药品　琼脂糖或琼胶素、叠氮钠、氯化钠，0.01mol/L PBS。待检血清及标准阳性、阴性血清。已知口蹄疫型别的病毒抗原。

④ 猪口蹄疫抗体金标快速检测法

a. 器材　免疫胶体金层析技术检测卡（内装干燥剂和吸样管）、离心管、检测对照卡。

b. 样品　待检血清。

（2）方法步骤

① 乳鼠接种试验　依据1～2日龄乳鼠和7～9日龄乳鼠发病死亡现象将猪口蹄疫与猪水疱病进行区别。

a. 被检病毒液的制备　将病猪的水疱皮先用灭菌的生理盐水或磷酸盐缓冲液冲洗两次，并用灭菌滤纸吸去水分，称重，剪碎，研磨，然后用每毫升加青霉素、链霉素各1000IU的无菌生理盐水或无菌磷酸盐缓冲液制成10倍稀释乳剂，在4～10℃冰箱中作用2～4h或37℃温箱中作用1h，备用。

b. 乳鼠接种病毒液　可在注射前提出母鼠置于另一容器内，选择1～2日龄和7～9日龄乳鼠各4～8只，分为两组。分别于其背部皮下各注射被检病毒液0.1mL，待全部注射完毕后，放回母鼠。注射时须用镊子夹着小鼠的背部皮肤，不要用手接触，如果手触摸了小鼠，可在注射后于其体表擦少许乙醚以除去气味，以免乳鼠体表因染上人体气味而被母鼠吃掉。

c. 结果判定　注射后观察7天，乳鼠如发病多在24～96h死亡，如1～2日龄和7～9日龄乳鼠均死亡，即可认为是口蹄疫；如1～2日龄乳鼠发病死亡，而7～9日龄乳鼠仍健活，即可认为是猪水疱病。

② 口蹄疫中和试验　分为体外中和试验和体内中和试验。

A. 体外中和试验　5～7日龄小鼠对人工接种口蹄疫病毒易感染，产生特征性症状和规律性死亡。因此利用这一特性进行乳鼠中和试验。操作步骤如下。

a. 将待检血清用生理盐水或pH7.6的0.1mol/L PBS稀释成1∶4、1∶8、1∶16、1∶32、1∶64，分别与等量的10^{-3}口蹄疫乳鼠适应毒混合，37℃水浴保温60min。

b. 每次试验应设阴性血清（1∶8）与10^{-3}病毒的混合液作为阴性对照；已知阳性血清与10^{-3}病毒的混合液作为阳性对照，处理方法同步骤a。

c. 每一稀释度血清中和组分别于颈背皮下接种5～7日龄乳鼠4只，对照组接种2只，每只0.2mL，由母鼠哺乳，观察5天判定结果。

d. 判定标准　先检查对照鼠，阴性对照鼠应于48h内病死，阳性对照鼠应健活。待检血清任何一组的乳鼠健活或仅死两只，判定该份血清为阳性。以能保护50%接种乳鼠免遭病毒感染的血清最大稀释度为乳鼠中和效价。

该法特异性强，结果可靠，简单易行，基层可采用。但存在需时较长，乳鼠易被母鼠吃掉或咬死，敏感性低等缺点。

B. 体内中和试验　将待检血清稀释成1∶5，接种乳鼠12h或24h后，用10^{-3}病毒攻毒，同时设阴性血清和已知阳性血清（均为1∶5稀释）作为对照，观察5天后判定结果。在阴性和阳性血清对照成立的前提下，待检血清组的乳鼠健活，判定该份血清为阳性。反之，则判为阴性。

该方法多用于定性检测，一般不作为定量检测。

③ 口蹄疫琼脂扩散试验　抗原抗体在琼脂凝胶中，各以其固有的扩散系数扩散，当二者相遇时，在比例适当处发生结合而形成肉眼可见的沉淀带。通常用于定性检测，但需时间长，敏感性差，漏检率高。

a. 称取琼脂糖或琼胶素1g、叠氮钠1g、氯化钠0.85g，加入

pH7.6 的 0.01mol/L PBS 100mL，置电炉加热熔化，趁热倾入平皿中，厚度 3～4mm。

b. 琼脂冷却凝固后，用打孔器打成中央 1 孔周围 6 孔的梅花形孔，中央孔径 4～5mm，周围孔径 3mm，与中央孔的孔距 3～4mm。

c. 中央孔加已知型别的浓缩抗原，四周孔加不同稀释度的待检血清和阴性、阳性对照血清（1∶2 稀释），静置扩散 1h。

d. 移入湿盒内于室温或在 37℃恒温箱内自由扩散 3～5 天，也可放置于 4～6℃冰箱内扩散。

e. 判定标准　出现沉淀线为阳性，反之，则为阴性。

④ 猪口蹄疫抗体金标快速检测法

a. 打开包装袋，取出检测卡平放在桌面上，并做好标记。

b. 在检测卡的加样孔内加入 2～3 滴待检血液或血清样品。

c. 在 3～15min 内观察和记录结果，超过 15min 的结果只能作为参考。

d. 结果判定　将检测线的颜色深浅与参照图对照，便可粗略估计样品抗体的滴度高低。

阴性：只在对照区（C）出现一条紫红色线。

阳性：在检测区（T）和对照区（C）各出现一条紫红色线。检测线颜色越深，表明口蹄疫抗体滴度越高。

弱阳性：在检测区（T）和对照区（C）各出现一条紫红色线，但检测线颜色很浅。

无效：完全不出现紫红色线或只在检测区（T）出现紫红色线，对照区（C）不出现紫红色线。

e. 结果参考

强阳性：说明猪口蹄疫抗体滴度较高，暂时不必进行口蹄疫疫苗的接种免疫。

弱阳性：说明猪口蹄疫抗体滴度只达到抵抗口蹄疫强毒攻击的最低保护水平，这时应及时进行口蹄疫疫苗接种。

阴性结果：说明机体内无猪口蹄疫抗体或抗体水平低于抵抗口

蹄疫强毒攻击的最低保护水平，如果动物群体健康，应及时进行口蹄疫疫苗接种。如果动物群体已有个别动物出现疑似口蹄疫时，则可作为诊断猪口蹄疫的一个参考依据。

3. 猪伪狂犬病检测技术

猪伪狂犬病实验室常用的检测技术包括直接免疫荧光试验检测猪伪狂犬病病毒、ELISA 检测猪伪狂犬病抗体（用于野毒感染检测和免疫效果检测）、乳胶凝集试验检测猪群抗体（用于强弱毒感染鉴别及免疫效果评价）、伪狂犬病病毒血凝（HA）与血凝抑制（HI）试验、伪狂犬病毒 PCR 试剂盒、动物接种试验等。

(1) 实验材料

① 直接免疫荧光试验材料　碳酸盐缓冲甘油、磷酸盐缓冲液、丙酮（分析纯）、伪狂犬病荧光抗体、冰冻切片机、荧光显微镜。

② 乳胶凝集试验材料　伪狂犬病毒 gG 蛋白致敏乳胶抗原、伪狂犬病毒 gE 蛋白致敏乳胶抗原、伪狂犬病毒致敏乳胶抗原、伪狂犬病毒阳性血清和注射 gG 基因缺失疫苗血清、玻片、吸头等。

③ 动物接种试验材料　研钵、生理盐水、青霉素、链霉素、冰箱、离心机、离心管、试管、烧杯、注射器、饲养笼、消毒液（百毒杀）等。

④ 猪伪狂犬病 gE 抗体酶联免疫吸附试验材料　猪伪狂犬病 gE 抗体检测试剂盒。

⑤ 猪伪狂犬病抗体酶联免疫吸附试验材料　猪伪狂犬病抗体检测试剂盒。

⑥ 伪狂犬病毒 PCR 试剂盒检测试验器材及药品　组织研磨器、眼科剪、眼科镊、一次性注射器、琼脂糖、灭菌 1.5mL 离心管和吸头（10μL、200μL、1000μL）、伪狂犬 PCR 试剂盒。

(2) 方法步骤

① 直接免疫荧光试验

a. 样品采集　扑杀可疑动物，取脑、淋巴结、扁桃体迅速送检实验室，如不能及时送出，必须冻结保存，避免腐败、自溶。本法也可用于对疑似伪狂犬病病毒的培养物进行鉴定。

b. 切片制备　将样品组织块切成 1cm×1cm 的面，不经任何固定处理，直接贴于冰冻切片托上，进行切片，切片厚度要求 5～7μm，将切片展贴于 0.8mm×1mm 厚的洁净载玻片上。

c. 固定　将切片置纯丙酮中固定 15min，取出立即放入 0.01mol/L、pH7.2 的磷酸盐缓冲液中，轻轻漂洗 3～4 次，取出，自然干燥后尽快进行荧光抗体染色。

d. 染色　将伪狂犬病荧光抗体滴加于切片表面，置温盒内于 37℃作用 30min，取出后放入磷酸盐缓冲液中充分漂洗，再用 0.5mol/L、pH9.0～9.5 碳酸盐缓冲甘油封固盖片（0.1mm 厚），染色后应尽快镜检，必要时可放置低温待检。

e. 观察　将染色后的切片标本置激发光为蓝紫光或紫外光的荧光显微镜下观察。

f. 判定　荧光显微镜视野中，细胞中出现明亮的黄绿色荧光，判为伪狂犬病病毒感染阳性。

② 猪伪狂犬病 gG 鉴别诊断乳胶凝集试验　伪狂犬病 gG 鉴别诊断乳胶凝集试验是用伪狂犬病毒 gG 基因的基因工程表达产物致敏乳胶抗原以检测动物血清、全血或乳汁中抗 gG 蛋白的抗体。用于伪狂犬病毒感染猪与 gG 基因缺失疫苗免疫猪的免疫学鉴别诊断。

a. 对照试验　检测之前应做对照试验，出现如下结果试验方可成立，否则应重试，若重试仍不出现如下结果则停止使用：伪狂犬病毒阳性血清与 gG 蛋白致敏乳胶抗原呈阳性凝集；注射 gG 基因缺失疫苗的猪血清与 gG 蛋白致敏乳胶抗原呈阴性凝集；伪狂犬病毒阳性血清和注射 gG 基因缺失疫苗的猪血清与伪狂犬病毒致敏乳胶抗原均呈阳性凝集。

b. 检测试验　待检血清不需热灭活或其他方式的灭活处理。

取待检血清一滴，置于玻片上，加 gG 蛋白致敏乳胶抗原一滴，用牙签混匀，搅拌并摇动 1～2min，3～5min 内观察结果。

c. 判定标准　gG 蛋白致敏乳胶抗原与血清反应的凝集颗粒较

细，可能出现以下几种凝集结果。

“＋＋＋＋”全部乳胶凝集，颗粒聚于液滴边缘，液体完全透明；

“＋＋＋”大部分乳胶凝集，颗粒明显，液体稍混浊；

“＋＋”约一半乳胶凝集，但颗粒较细，液体较混浊；

“＋”有少许凝集，液体呈混浊；

“－”液滴呈原有的均匀乳状。

以出现“＋＋”以上凝集者判为阳性凝集。

d. 猪伪狂犬病 gE 鉴别诊断 乳胶凝集试验同 gG 鉴别诊断乳胶凝集试验。

③ 动物接种试验

a. 接种病料制备 采取病猪脑组织，磨碎后，加生理盐水，制成 10％悬液，同时每毫升加青霉素 1000IU、链霉素 1mg，放入 4℃冰箱中过夜，离心沉淀，取上清液，备用。

b. 接种观察 取接种病料 1～2mL，皮下注射试验家兔后腿外侧部，家兔接种后 36～48h，注射部位的皮肤发生剧痒，自行啃咬，直至掉毛、破损和出血。继之四肢出现麻痹。实验兔多于出现症状后数小时死亡，即可判定为阳性。个别情况下，可能由于病料含毒量低，潜伏期可延长到 7 天。

④ 猪伪狂犬病 gE 抗体酶联免疫吸附试验 参照猪伪狂犬病 gE 抗体检测试剂盒说明书操作。

⑤ 猪伪狂犬病抗体酶联免疫吸附试验材料 参照猪伪狂犬病抗体检测试剂盒说明书操作。

⑥ 伪狂犬病毒 PCR 试剂盒检测

a. 样品制备 病死或扑杀的猪，取大脑海马背侧皮层、中脑、脑桥、扁桃体、淋巴结等组织；待检活猪，用棉拭子取鼻腔分泌物，置于 50％甘油生理盐水中，或用注射器取血 5mL，2～8℃保存。要求送检病料新鲜，严禁反复冻融。

组织样品的处理 称取组织 0.1g 于研磨器中磨碎，再加 1mL 生理盐水继续磨至无块状物，然后将样品转至 1.5mL 灭菌离心管中，8000r/min 离心 5min，取上清 100μL 于 1.5mL 灭菌离心管中，加入 500μL 裂解液和 10μL 蛋白酶 K，混匀后 37℃温育 1h。

全血样品的处理 待血凝后取血清放于离心管中，8000r/min 离心 5min，取上清 100μL 于 1.5mL 灭菌离心管中，加入 500μL 裂解液和 10μL 蛋白酶 K，混匀后 37℃温育 1h。

阳性对照的处理 混匀后取 100μL 于 1.5mL 灭菌离心管中，加入 500μL 裂解液和 10μL 蛋白酶 K，混匀后 37℃温育 1h。

阴性时照的处理 混匀后取 100μL 于 1.5mL 灭菌离心管中，加入 500μL 裂解液和 10μL 蛋白酶 K，混匀后 37℃温育 1h。

b. 病毒 DNA 的提取 取出已处理的样品、阴性对照和阳性对照，分别加入 600μL 抽提液（用抽提液之前不要晃动，不要吸到上层保护液），用力颠倒 10 次混匀，12000r/min 离心 10min。

取 500μL 上清液置于灭菌离心管中，加入 500μL 异丙醇，混匀，置液氮中 3min 或－70℃冰箱中 30min。取出样品管，室温融化，13000r/min 离心 15min。

弃上清液，沿管壁缓缓加入 1mL 洗涤液，轻轻旋转 1 周后倒掉，将离心管倒扣于吸水纸上 1min，再将离心管真空抽干 15min 或 37℃烘干。

用 30μL 无菌水溶解沉淀，作为模板备用。

c. PCR

反应体系 分别取 16μL PCR 反应液 A（用前混匀）、2μL PCR 反应液 B（用前混匀）和 2μL 模板 DNA，混匀。

反应程序 在 PCR 仪上运行以下程序：94℃ 3min；94℃ 30s；55℃ 30s；72℃ 30s；35 个循环，72℃延伸 10min。

d. 电泳

制胶 用 1×TAE 电泳缓冲液配制 1%琼脂糖凝胶。

电泳 待胶凝固后，取 5μL PCR 扩增产物点样于琼脂糖凝胶加样孔中，同时加阳性对照和阴性对照样适量，以 5 V/cm 的电压于 1×TAE 电泳缓冲液中电泳。

染色 取 1×TAE 电泳缓冲液 30mL。加入 10mL 染色液，混匀后将胶浸泡 30min，于紫外灯下观察结果。

e. 结果判断　阳性对照出现 400bp 扩增带，阴性对照无带出现（引物带除外）时，实验结果成立。被检样品出现 400bp 扩增带为猪伪狂犬病毒阳性，否则为阴性。

4. 猪繁殖与呼吸综合征的实验室检测技术

猪繁殖与呼吸综合征的实验室常用的检测技术包括：应用猪繁殖与呼吸综合征 RT-PCR 诊断试剂盒进行检测和流行病学调查；酶联免疫吸附试验检测猪繁殖与呼吸综合征抗体；猪繁殖与呼吸综合征抗体快速检测卡。

(1) 实验材料

① RT-PCR　猪繁殖与呼吸综合征 RT-PCR 诊断试剂盒、PCR 仪、研钵、试管、离心机、离心管、EP 管、漩涡振荡器、超净工作台、天平、微波炉、电泳仪、紫外成像仪、琼脂糖、Hanks 液等。

② 酶联免疫吸附试验　猪繁殖与呼吸综合征诊断试剂盒（美国 IDEXX 公司生产的 Herd-chekTM PRRS 酶联免疫检测试剂盒)、待检血清（免疫猪或耐过猪的血清）。

③ 猪繁殖与呼吸综合征抗体快速检测卡　免疫胶体金层析技术检测卡、离心管、检测对照卡、待检血清。

(2) 方法步骤

① 反转录-聚合酶链式反应（RT-PCR）

用 PCR 方法可以检测出组织均质物、血清、精液、口腔拭子和肺部冲洗液中的病毒核酸，RT-PCR 分析方法是用逆转录酶将病毒的 RNA 逆转录为 DNA，然后再对 DNA 进行指数倍扩增至可检测的水平。该方法的敏感性和特异性比较高，检测周期短，仅在 1～3 天内即可得出结果。PCR 产物可用于测序，从而扩展了该方法的诊断应用价值。

应用猪繁殖与呼吸障碍综合征 RT-PCR 诊断试剂盒进行检测，具体步骤应参照说明书进行操作。

② 酶联免疫吸附试验　按试剂盒的说明书进行操作，简述如下。

将待检样品（血清）40 倍稀释，取 100μL 分别加入酶标板 PRRS 孔和 NHC 孔，室温培养 30min。用洗涤液洗涤 3～5 次，甩尽孔内液体，并在滤纸上拍干。每孔加入 PRRS 酶标抗体 100μL，室温作用 30min，用洗涤液洗涤 3～5 次，甩尽孔内液体，并拍干。每孔加入 100μL 底物（TMP）溶液，室温作用 15min，然后每孔加入 100μL 终止液。混匀，于酶标仪上 630nm 处读数，利用 XCHKIS 软件系统处理数据。

结果判定　其中 PRRS 孔，阴性对照的 $OD_{630} \leqslant 0.15$，阳性对照的 $OD_{630} \geqslant 0.15$，且细胞孔的阴性和阳性对照的 $OD_{630} \leqslant 0.12$，符合检测的条件，S/P=(OD 样品病毒孔－OD 样品细胞孔)/(OD 阳性对照病毒孔－OD 阳性对照细胞孔)，结果判定如下：S/P＜0.4 判为阴性（－）；S/P≥0.4 判为阳性（＋）。

③ 猪繁殖与呼吸综合征抗体快速检测卡

a. 采血 1mL，1500r/min 离心，用一次性滴管取血清作为检测液。样品若不能立即测试，应冷藏保存，超过 24h，应冷冻保存。

b. 将未开封的试纸卡和检测样品恢复至室温。

c. 将试纸卡水平放置，用滴管向试纸卡孔缓慢逐滴加入 3 滴不含气泡的检测液。

d. 20min 将观察窗内色带与对照卡色带滴度进行对比参照，判断抗体效价水平。

e. 结果判断　T 条带色泽≥对照卡中 1∶40（效价）位置条带色泽时，样品中猪繁殖与呼吸综合征病毒抗体的效价较高。

T 条带色泽＜对照卡中 1∶40（效价）位置条带色泽时，样品中猪繁殖与呼吸综合征抗体效价偏低，不够抵御猪蓝耳病病毒的强毒攻击。

T 处无明显色带出现，说明样品中可能不含猪繁殖与呼吸综合征抗体。

T 条带的色泽特别深时，被检猪即使接种了疫苗，也可能已被强毒感染。

（六）猪细菌性传染病检测技术

1. 链球菌病的实验室检测

（1）实验准备 培养箱、酒精灯、接种环、美蓝染色液、革兰染色液、载玻片、解剖器械、疑似链球菌病病猪（或死亡不久的尸体）。

（2）病料采集和处理 将临床疑似病例，据其不同病型采取不同的病料。败血症型病猪，无菌采取心、脾、肝、肾和肺等。淋巴结脓肿病猪可用无菌的注射器吸取未破溃淋巴结脓肿内的脓汁，脑膜炎型病猪则以无菌操作采取脑脊髓液及少量脑组织。

（3）链球菌形态观察 将采集到的病料制成涂片，用美蓝染色液或革兰染色液染色，后镜检。如见到多数散在的或成双排列的短链圆形或椭圆形球菌，无芽孢，有时可见到带荚膜的革兰阳性球菌，可作初步诊断。成对排列的往往占多数，注意与双球菌和两极着色的巴氏杆菌相区别。

（4）链球菌培养特性 未能确诊时，需进行链球菌分离培养。怀疑为败血症的病猪，可先采取血液用硫乙醇盐肉汤增菌培养后，再转种于血液琼脂平板；若为肝、脾、脓汁、炎性分泌物、脑脊髓液等可直接用接种环钩取少许病料划线接种于血液琼脂平板上进行分离培养，37℃培养 24～48h，形成大头针帽大小、湿润、黏稠、隆起半透明的露滴样菌落。菌落周围有完全透明的β溶血环，少数菌落呈现绿色溶血环。可进一步做涂片镜检和纯培养以及生化特性检查。此外，还可以应用荧光 PCR 检测技术进行快速诊断。

（5）动物试验 用分离所得的链球菌肉汤培养物注射小鼠（腹腔 0.1mL），观察 3 天，如有死亡，取其腹腔渗出液作涂片，革兰染色镜检。

2. 沙门菌病的实验室检测

（1）病料采集和处理 最好将死亡后12h以内的猪整体送检或无菌采取心血、肝、脾、淋巴结等，放置于30%甘油盐水中送至实验室。

（2）沙门菌形态观察 取病猪的粪、尿或肝、脾、肾、肠系膜淋巴结，流产胎儿的胃内容物，流产病畜的子宫分泌物等材料制成涂片，自然干燥，用革兰染色法染色镜检，沙门菌呈两端椭圆或卵圆形，不运动，不形成芽孢和荚膜的革兰阴性小杆菌。

（3）细菌分离培养

① 如果病料新鲜未被污染，可用接种环蘸取材料直接在普通琼脂或鲜血琼脂平板上划线接种，经37℃培养24h，可以一次获得纯培养。在普通琼脂上，形成圆形、半透明、光滑、湿润、边缘整齐的灰白色菌落。

② 增菌和鉴别培养 如果病料污染严重，可用增菌培养基进行增菌培养，常用的增菌培养基为四硫磺酸钠煌绿培养液和亚硒酸盐亮绿培养液。增菌培养，如用四硫磺酸钠煌绿培养液，37℃培养18～24h；如用亚硒酸盐亮绿培养液，37℃培养12～16h。用接种环取培养物于鉴别培养基上划线接种，37℃培养24h，如未出现可疑菌落，从已培养48h的增菌培养液中取样重新鉴别培养。鉴别培养基为SS琼脂、去氧胆酸钠枸橼酸盐琼脂、亚硫酸铋琼脂、HE琼脂、伊红美蓝琼脂、远藤琼脂、亮绿中性红琼脂等。在培养菌的同时，也可以直接在鉴别培养基上作浓厚涂布及划线接种，也可能有一次获得纯培养的机会。在SS琼脂上，沙门菌的菌落呈灰色，菌落中心为黑色；在去氧胆酸盐枸橼酸琼脂，沙门菌的菌落为蓝绿色，中心为棕色或黑色；在亚硫酸铋琼脂，沙门菌菌落呈黑色；在HE琼脂上，沙门菌的菌落为蓝绿色或蓝色，中心呈黑色。在麦康凯琼脂、远藤琼脂、伊红美蓝琼脂上，与大肠杆菌比，菌落为无色。

③ 纯培养及生化特性检查 挑取鉴别培养基上的菌落进行纯

培养，同时在三糖铁培养基斜面上做划线接种并向基底部穿刺接种。37℃培养24h，如为沙门菌，则在穿刺线上呈黄色，斜面呈红色，产生硫化氢的菌株可使穿刺线变黑。大肠杆菌全部为黄色，基底部不变黑。

将上述检查符合的培养物用革兰染色，镜检，并接种生化管以鉴定生化特性，做出判断。

本属细菌为革兰阴性直杆菌，周生鞭毛，能运动。能还原硝酸盐，能利用葡萄糖产气，在三糖铁琼脂培养基上能产生硫化氢。赖氨酸和鸟氨酸脱羧酶反应阳性，尿素酶试验阴性。不发酵蔗糖、水杨苷、肌醇和苦杏仁苷。猪霍乱沙门菌不发酵阿拉伯糖和海藻糖，对卫矛醇缓慢发酵且无规律性；猪伤寒沙门菌不发酵甘露醇，偶然也有发酵蔗糖和产生吲哚的菌株。

3. 猪附红细胞体病的实验室检测

（1）实验准备 显微镜、载玻片、盖玻片、瑞氏染色液、姬姆萨染色液、吖啶橙染液、中性蒸馏水。

（2）检查方法

① 悬滴法 新鲜血液加等量生理盐水稀释后吸取数滴置载玻片上，加盖盖玻片，置显微镜下观察。可见虫体呈球形、逗点形、杆状或颗粒状。由于虫体附着在红细胞表面有张力作用，红细胞在视野内上下振动或左右运动，红细胞形态也发生了变化，呈菠萝状、锯齿状、星状等不规则形状。该方法也适用于抗凝血液，抗凝血液存放1～2天，一般并不影响检测结果。

② 直接涂片法 取新鲜或抗凝血少许置载玻片上推成薄层，然后在显微镜下直接观察。可看到附红细胞体呈椭圆形。寄生有附红细胞体的红细胞呈菠萝状、锯齿状、星状等不规则形状。该方法的优点是简单、快速。不足之处一是对推片的技术有一定要求，红细胞必需推成薄层；二是容易和其他导致红细胞变形的情况混淆。

③ 染色检查 血液涂片经姬姆萨染色后，虫体可染成紫红色，但该种染色方法的缺点是姬姆萨色素沉着，容易形成假象。血清经

吖啶橙染色在荧光显微镜下可见各种形状的附红细胞体单体。但这一技术的复杂性使其只适宜实验室诊断。该染色情况下，附红细胞体呈浅至深橘黄色。

④ 血清学诊断　包括 IHA 试验、补体结合试验或 ELISA 方法，但抗体的产生与病原数量的增多（而不是与感染发生的时间）有暂时的相关性。这意味着抗体的产生呈波浪形。即使数次急性发作后，抗体滴度也只能在 2～3 个月内维持较高水平，之后便会下降到阈值以下，这表明假阴性是常见的。所有血清学方法只适合于群体诊断。

⑤ PCR 诊断　国外已有 PCR 技术用于猪附红细胞体病诊断的报道。不过，该方法不能区分带虫猪和发病猪。

⑥ 动物试验　常用的试验动物是小白鼠，用小猪做试验动物时则需摘除脾脏。怀疑为猪附红细胞体病的猪在切除脾脏后观察 3～20 天，若是带虫猪则会出现急性附红细胞体的症状，此时可通过查找血涂片中的虫体进行诊断。

（七）猪寄生虫病检测技术

1. 粪便虫卵检查法

（1）实验准备

① 器械　天平、显微镜、离心机。

② 器材及药品　粪盒（或塑料袋）、粪筛（或纱布）、玻璃棒、镊子、塑料杯、离心管、试管架、载玻片、盖玻片、饱和盐水等。

③ 待检样品　猪粪便。

（2）粪便虫卵检查方法　包括直接涂片法、水洗沉淀法和漂浮法。

① 直接涂片法　是简便和常用的方法，但检查时所用的粪便数量少，故检出率较低。本法是先在载玻片上滴一滴甘油与水的混合液，再用牙签或火柴棍挑起少量粪便加入其中，混匀，夹去较大

的粪渣，最后使玻片上留有一层均匀的粪液，其浓度的要求是将此玻片放于书上，能通过粪便液膜模糊地看出其下的字为合适。在粪便上覆以盖玻片，置显微镜下检查。检查时应顺序地查遍盖玻片下所有部分。

② 水洗沉淀法　取粪便 5g，加清水 100mL 以上，搅匀成粪液，通过 40～60 目铜筛过滤，滤液收集于烧杯中，静置沉淀 20min，倾去上清液，保留沉渣，再加清水混匀，再沉淀，如此反复操作直到上层液体透明后，吸取沉渣检查。

③ 漂浮法　先往青霉素空瓶中加入适量饱和盐水，再往瓶内加入粪便 1g，混匀，筛滤，滤液注入另一瓶中，补加饱和盐水溶液使瓶口充满，上覆以盖玻片，并使液面与盖玻片接触，其间不留气泡，直立 20min 后，取下盖玻片检查。此法适用于检查密度比饱盐水溶液轻的虫卵，如一般线虫卵和球虫卵囊等。

(3) 常见虫卵的一般特征

① 猪蛔虫卵　虫卵短椭圆，棕黄色，大小为 (56～87)μm×(46～57)μm，壳厚，外表有凹凸不平的蛋白质膜，刚排出的虫卵含一未分裂的卵黄细胞，未受精卵呈现长椭圆形，壳较薄。

② 结节线虫卵　椭圆形，淡灰色，卵壳薄而光滑，内含 8～16 个球形的胚细胞。大小为 (45～55)μm×(26～36)μm。

③ 猪鞭虫卵　呈淡褐色，具有厚而光滑的外膜，两极呈栓塞状，形如腰臌，内有一胚细胞。虫卵大小为 (52～61)μm×(27～30)μm。

④ 兰氏类圆线虫卵　呈椭圆形，淡灰色，卵壳薄而光滑，卵内含有成形的幼虫，幼虫呈 U 字形。大小为 (45～55)μm×(26～30)μm。

⑤ 布氏姜片虫卵　呈淡黄色，卵壳薄，其一端有不明显的卵盖，卵黄均匀地散布于卵壳内。大小为 (130～140)μm×(80～85)μm。

⑥ 球虫卵囊　呈卵圆或椭圆形，淡灰色，壳薄而光滑，内

有颗粒状的原生质团块。其大小因种类不同而不同，大的为(24.6～31.9)μm×(23.2～24.0)μm，小的为（11.2～16.0)μm×(9.6～12.8)μm。

2. 猪疥螨的实验室检查方法

（1）病料的采取 疥螨寄生于猪的皮内，因此应刮取皮屑，置于显微镜下，寻找虫体。刮取皮屑的方法很重要，应选择患病皮肤与健康皮肤交界处，这里的螨较多，往往在耳壳内容易寻找。先在要刮取的皮肤处滴加少许50%的甘油水溶液，然后用不锈钢小勺刮取皮屑，直到皮肤轻微出血。将刮下的皮屑置入试管或塑料袋内，带回供检查。

（2）检查方法

① 显微镜下直接检查法 将刮下的皮屑置载玻片上，加入少量50%甘油水溶液，覆以另一张载玻片。搓压载玻片使病料散开，分开载玻片，置显微镜下检查。此法适合于检查皮屑中虫体较多的病料。

② 虫体浓集法 为了在较多的病料中，检出其中较少的虫体，提高检出率，可采用浓集法。此法先取较多的病料，置于试管中，加入10%NaOH溶液，在酒精灯上煮沸数分钟，使皮屑溶解，虫体自皮屑中分离出来。然后其自然沉淀或以2000r/min的速度离心20min，吸取沉渣镜检。

3. 猪原虫病的实验室检测

（1）实验准备

① 器材 显微镜、载玻片、盖玻片等。

② 药品 姬姆萨液或瑞氏染液。

（2）检查方法

① 猪巴贝斯虫检查

a. 血液涂片 由耳静脉采血1滴于载玻片上，另以载玻片或盖玻片推制成涂片（检查梨形虫时，血片越薄越好)，待干，滴数滴甲醇固定 5min，再以姬姆萨液或瑞氏液进行染色，血片充分干燥后油镜检查。

b. 镜检　在红细胞内发现呈环形、杆状、半月状、梨籽形等数量不等的虫体。瑞氏染色，见红细胞内有蓝紫色虫体；姬姆萨染色见红细胞内有紫红色虫体。

② 猪弓形虫检查

a. 直接涂片　取肺、肝、淋巴结作涂片，用姬姆萨氏液染色后检查；或取患猪的体液、脑脊液作涂片染色检查；也可取淋巴结研碎后加生理盐水过滤，经离心沉淀后，取沉渣作涂片染色镜检。此法简单，但有假阴性，必须对阴性猪作进一步诊断。

b. 集虫法检查　取肺或淋巴结研碎后加 10 倍生理盐水过滤，500r/min 离心 3min，沉渣涂片，干燥，用瑞氏或姬姆萨染色检查。

c. 动物接种　取肺、肝、淋巴结研碎后加 10 倍生理盐水，加入双抗后，室温放置 1h。接种前摇匀，待较大组织沉淀后，取上清液接种小鼠腹腔，每只接种 0.5～1.0mL。大约经 1～3 周，小鼠发病时，可在腹腔中查到虫体。或取小鼠肝、脾、脑作组织切片检查，如为阴性，可按上述方式盲传 2～3 代，可能从病鼠腹腔液中发现虫体也可确诊。

d. 血清学试验　主要有间接血凝试验、间接免疫荧光抗体试验、酶联免疫吸附试验等。目前国内应用较广的是间接血凝试验，猪血清凝集效价达 1∶64 时可判为阳性，1∶256 表示最近感染，1∶1024 表示活动性感染。

e. 分子生物学试验　如 PCR 等。

(八) 猪中毒病的实验室检测

以上海快灵黄曲霉素 B_1 快速检测试纸检测猪饲料中黄曲霉毒素为例。

(1) 原理　黄曲霉素 B_1 快速检测试纸基于胶体金免疫层析技

术。检测时，样品中的黄曲霉素 B_1 在流动过程中与胶体金标记的特异性抗体结合，抑制了抗体与固相载体膜上的黄曲霉素 B_1-BSA 偶联物的结合，如果样品中的黄曲霉素 B_1 含量大于灵敏度，检测线在规定时间内不显颜色，结果为阳性，反之，检测线显红色色带，结果为阴性。无论检测液中黄曲霉素 B_1 浓度高低，C 线均显红色色带。

(2) 保存和稳定性 试纸卡于室温（<30℃）阴凉干燥处保存，不可冷冻，避免阳光直晒，生产日期起 18 个月内有效。

(3) 样品前处理

① 取 5g 以上有代表性的样品粉碎（过 20 目筛），准确称取 2g 均匀粉碎试样加入到样品管中，再加入 3mL 稀释液 1，用力振荡 5min，静置一段时间至析出上清液。

② 参照表格，根据残留限量取指定体积上清液到离心管中，再加入 300μL 稀释液 2，混匀。此溶解液即为检测液。

(4) 测试步骤

① 将未开封的试纸卡和检测样品恢复至室温。

② 将试纸卡水平放置，用滴管向试卡孔缓慢逐滴加入 3 滴不含气泡的检测液。

③ 5min 判断结果，10min 后的结果仅作参考。

五、兽医岗位生产指导书

（一）猪的保定

1. 猪的接近

进入猪舍时必须保持安静，避免对猪产生刺激。小心地从猪的后方或后侧方接近猪，用手轻摸猪的背部、腹部、腹侧或耳根，使其安静，接受诊疗。从母猪舍捕捉哺乳仔猪时，应预先用木板或栏杆将仔猪与母猪隔离，以防母猪攻击。

2. 猪的保定

根据猪月龄的大小和操作的需要，采用适当的保定方法，可减少动物的损伤，提高工作效率。保定方法包括站立保定、提举保定、倒立保定、侧卧保定、保定架保定、网架保定、套口器保定等。

3. 注意事项

（1）保定前需向饲养员了解病猪的习性，尤其应注意有无恶癖，以便引起注意和选择适宜的接近与保定方法。

（2）临床诊治病猪时，应根据动物习性和诊治需要，选择一种或两种以上保定方法对猪施行保定，确保人、畜安全。

（3）对有呼吸困难症状的病猪，不宜施行倒卧保定，以免窒息造成死亡。倒卧必须在松软或铺有垫草的地面，以免引起神经麻痹。

（4）保定时应打活结，一旦发生意外，容易解脱。

（5）怀孕母猪容易引起流产，可采用站立保定。

（二）猪病的诊断与治疗

在猪群没有暴发疾病时，应定期对猪群的整体健康状况和生产能力作出评估。在暴发疾病之后，应对病猪群进行流行病学调查，对具有典型症状的病猪进行个体检查，对病死的猪只进行病理剖检，必要时采取病料进行实验室检查。

1. 流行病学诊断

(1) 流行病学诊断的意义和价值 流行病学诊断是在流行病学调查的基础上进行的。通过询问调查、查阅病史资料和现场察看，取得丰富的第一手资料，然后进行归纳整理和分析判断，初步明确是传染病还是普通病，是群发性疾病还是散发性疾病，是急性病还是慢性病，是一种疾病还是多种疾病混合感染，为进一步诊断提供可靠的依据和线索。更为重要的是，可借以查明传染病发生、发展的过程，弄清传染源、易感动物、传播途径、影响传播的因素、疫区范围、发病率和死亡率等，以便制定出有效的防治措施。

(2) 流行病学调查的内容

① 流行概况 最初发病的时间、地点，传播蔓延情况，目前疫情的分布，发病猪的数量、性别、年龄，猪群各年龄组的发病率和病死率，疾病在猪群的流行过程；疾病是急性的还是慢性或隐性的，最先受害的是哪些猪；除了猪以外，是否还有其他动物发病；疾病是散发的还是流行性的，是突然大批发生的还是缓慢发生的；发病猪是否是同窝、同栏或是同一栋舍的；是整窝发病还是窝内呈散发性的；在疾病发生前，饲养管理上是否有重大改变等。

② 疾病的发展情况 病猪症状的发展进程如何，疾病的初期表现与后期症状是否有差异，疾病是加重了还是减轻了；最初发病猪的年龄；疾病持续时间，病猪的预后如何；曾用何种药物治疗，剂量多少，效果如何。

③ 饲养管理情况 饲料来源，饲料配方是否合理，饲料如何储存，是否含有腐败发臭的变质饲料；猪群的饲养密度是否恰当；猪舍的设备是否完善；猪舍的温度、通风换气、粪便及污水处理情况，有无鼠类危害；近期是否从外面引进猪只，新入群猪的检疫和隔离措施如何；采取什么措施来控制人和猪的接触；母猪进入产仔区前产房是

否经过清洗消毒，每窝的产仔数、仔猪初生重、仔猪存活率等。

④ 免疫接种、驱虫及药物预防情况　常用何种疫苗，何时进行免疫；哪些猪进行过免疫，免疫效果如何。对母猪、公猪、保育猪和生长育肥猪是否定期驱虫。饲料中用了哪些药物添加剂，是否是多种药物轮换使用。

2. 临床诊断技术

(1) 个体检查　猪对捕捉的应激反应比较严重，为避免因抓捕造成的心率和呼吸的变化，应尽可能在其自由状态下进行检查。

① 临床检查　最常用的是问诊和视诊，必要的时候配合触诊、听诊等进行检查，检查群体和个体的临床表现，收集相关的资料，综合分析判断，作出诊断。

② 一般检查　主要检查猪的精神状态、营养、被毛与皮肤、可视黏膜、腹股沟淋巴结、体温等。

③ 系统检查　主要检查心血管系统、呼吸系统、消化系统、泌尿生殖系统、神经系统等。

(2) 群体检查　当前生猪养殖模式以规模化集约化为主，在猪病的诊断过程中要重视对猪群整体情况的检查。生产中常见的群发病主要是传染病、寄生虫病、中毒病、营养代谢病，少数情况下会有遗传病。

当猪群中一部分、大部分乃至全群同时或相继发生，在临床症状和剖检病变上基本一致的疾病时，即可考虑群发病。

① 症状鉴别诊断　症状鉴别诊断是以主要症状或体征为线索，将许多相关疾病联系起来，为疾病鉴别诊断提供依据。

② 病变鉴别诊断　病变鉴别诊断是通过剖检，以基本病变为线索，将若干相关疾病串在一起，再逐步把它们区分开来。病变鉴别诊断法和症状鉴别诊断法相辅相成，是猪病鉴别诊断常用方法。

③ 病性论证诊断　猪群发病在经过大类归属诊断，症状鉴别诊断和病变鉴别诊断之后，还必须完成诊断的终末程序——病性论证诊断。

3. 病理剖检诊断

(1) 猪剖检器械和消毒药的准备

① 器械　剥皮刀、解剖刀、手术刀、外科剪、镊子、骨锯、斧子、磨刀棒、量杯、搪瓷盘、桶、酒精灯、注射器、针头、广口瓶、高压灭菌器、载玻片、灭菌纱布、脱脂棉花等。

② 药品　2%碘酊、70%酒精、0.1%新洁尔灭等。

③ 其他　毛巾、脸盆、工作服、口罩、帽、胶鞋、乳胶手套、肥皂。

(2) 猪的尸体剖检方法

① 了解病史　在进行尸体剖检前，先仔细了解死猪的生前状况，主要包括临床症状、流行病学、防治情况等。通过对病史的了解，缩小对所患疾病的怀疑范围，以确定剖检的侧重点。

② 尸体外部检查　猪死亡后，受体内存在的酶和细菌的作用以及外界环境的影响，逐渐发生一系列的死后变化，包括尸冷、尸僵、尸斑、血液凝固、尸体自溶及腐败等。正确地辨认尸体的变化，可以避免把某些死后变化误认为是生前的病理变化。检查顺序是从头部开始，依次检查颈、胸、腹、四肢、背、尾、肛门和外生殖器等。

③ 尸体剖检方法　剖检多采用仰卧位。为了使尸体保持背位，需切断四肢内侧的肌肉和股关节的圆韧带，使四肢平摊在操作台上，使尸体保持背位，然后再从颈、胸、腹的正中切开皮肤进行剖检。

a. 皮下检查　检查皮下有无充血、炎症、出血、淤血、水肿等病变，并观察皮下脂肪组织的多少、颜色、性状及病理变化等。检查体表淋巴结的大小、颜色，有无出血、充血，有无水肿、坏死、化脓等病变。对断乳前小猪还要检查肋骨和肋软骨交界处，有无串珠样肿大。

b. 关节肌肉检查　在剥皮后检查四肢关节有无异常，同时检查骨骼肌的色泽、硬度、有无出血、变性、脓肿及萎缩，并检查肌间结缔组织的状态。

c. 淋巴结检查　注意下颌淋巴结、颈浅淋巴结、腹股沟浅淋巴结、腹股沟深淋巴结、肠系膜淋巴结、肺门淋巴结等，观察其大小、颜色、硬度、与其周围组织的关系及横切面的变化。

d. 胸膜腔检查　观察有无液体，液体的数量、透明度、色泽、性质、浓度和气味，注意浆膜是否光滑，有无粘连及粘连的质地和颜色等。

e. 肺脏检查　首先观察肺的大小、色泽、重量、质地、弹性，有无病灶及表面附着物等。然后用剪刀将支气管剪开，注意观察支气管黏膜的色泽，表面附着物的数量、黏稠度。最后将整个肺横向切割数刀，观察切面有无病变，切面流出物的数量、色泽变化等。

f. 舌、喉头、气管检查　观察扁桃体是否有肿胀、化脓、坏死，检查舌有无出血溃疡，喉头是否有出血，检查气管有无出血，气管内有无黏液。

g. 心脏检查　先检查心包，用剪刀剪开一切口，观察其心包液的数量、性状、色泽、透明度以及有无粘连、肿瘤等，再检查心脏纵沟、冠状沟的脂肪量、性状、有无出血，检查心脏的外形、大小、色泽及心外膜的性状，有无白色条纹状的心肌变性坏死等，最后进行心脏内部检查。

心脏的切开方法是沿左纵沟左侧的切口，切至肺动脉起始处；沿左纵沟右侧的切口，切至主动脉的起始处；然后将心脏翻转过来，沿右纵沟左右两侧作平行切口，切至心尖部与左侧切口相连接；切口再通过房室口切至左心房及右心房。经过上述切线，心脏全部剖开。

检查心脏时，注意检查心腔内血液的含量及性状。检查心内膜的色泽、光滑度、有无出血，各个瓣膜、腱索是否肥厚，有无血栓形成和组织增生或缺损等病变。对心肌的检查，应注意心肌各部的厚度、色泽、质地，有无出血、萎缩、变性和坏死等。

h. 脾脏检查　脾摘出后，检查脾门血管和淋巴结，测量脾的长、宽、厚度，称其重量；观察其形态、色彩、包膜的紧张度，检查脾头、脾尾、边缘有无出血、坏死和梗死，有无肥厚、脓肿形成；用手触摸判断脾的质地（坚硬、柔软、脆弱）及有无病灶，然后做一两个纵切，观察脾切面的色泽、血量、质度，检查脾髓、滤泡和脾小梁的状态和比例关系，有无结节、坏死、梗死和脓肿等。

i. 肝脏检查　先检查肝的形态、大小、色泽、包膜性状、有无出血、结节、坏死等，然后检查肝门部的动脉、静脉、胆管和淋巴结，最后切开肝组织，观察切面的色泽、质地和含血量等情况。注意切面是否隆突，肝小叶结构是否清晰，有无血栓、结石、寄生虫性结节和坏死等。

j. 胰脏检查　观察形态、颜色、质地、大小。

k. 肾脏检查　先检查肾的形态、大小、色泽和质地。注意包膜的状态是否光滑透明和容易剥离。包膜剥离后，检查肾表面的色泽，有无出血、瘢痕、梗死等病变，然后由肾的外侧向肾门部将肾纵切成两等份，检查皮质和髓质的厚度、色泽，交界部血管状态和组织结构纹理。最后检查肾盂，注意其容积，有无出血、积尿、积脓、结石以及黏膜的性状等。

l. 肾上腺检查　确定肾上腺外形、大小、重量、颜色，然后纵切检查肾上腺皮质与髓质的厚度比例，再检查有无出血变化。

m. 膀胱检查　先检查其充盈情况，浆膜有无出血等变化，然后从基部剖开检查尿液色泽、性状、有无结石，翻开膀胱检查黏膜有无出血、溃疡等。

n. 生殖器官检查　公猪检查睾丸和附睾，检查其外形、大小、质地和色泽，观察切面有无充血、出血、瘢痕、结节、化脓和坏死等。母猪检查子宫、卵巢和输卵管，先注意卵巢的外形、大小，卵泡的数量、色泽，有无充血、出血、坏死等病变。观察输卵管浆膜有无粘连、膨大、狭窄、囊肿，然后剪开，注意腔内有无异物或黏液、水肿液，黏膜有无肿胀、出血等病变。检查阴道和子宫时，除观察子宫大小及外部病变外，还要用剪子依次剪开阴道、子宫颈、子宫体，直至左右两侧子宫角，检查内容物的性状及黏膜的病变。

o. 脑检查　检查硬脑膜和软脑膜的状态，脑膜的血管充盈状态，有无充血、出血等变化。检查脑回和脑沟的状态，是否有渗出物蓄积，脑沟变浅，脑回变平等。然后切开大脑，查看脉络丛的性状和脑室有无积水，最后横切脑组织，查看有无出血及溶解性坏死等。必要时取材送检。

p. 胃的检查　先观察其大小，浆膜面的色泽，有无粘连，胃壁有无破裂和穿孔等，然后由贲门沿大弯剪至幽门。胃剪开后，检查胃内容物的数量、性状、含水量、气味、色泽、成分，有无寄生虫等。最后检查胃黏膜的色泽，注意有无水肿、充血、溃疡、肥厚等病变。

q. 肠管检查　对肠道进行分段检查。在检查时，先检查肠管浆膜面的色泽，有无粘连、肿瘤、寄生虫结节等。然后剪开肠管，随时检查肠内容物的数量、性状、气味，有无血液、异物、寄生虫等。除去肠内容物后，检查肠黏膜的性状，注意有无肿胀、发炎、充血、出血、寄生虫和其他病变。

r. 骨和骨髓的检查　将长骨纵切开，注意观察骨端和骨干的状态，红骨髓与黄骨髓的分布，同时注意骨密质与骨松质的状态。

④ 剖解记录　通过病变鉴别，综合分析，作出病理解剖学诊断，填写病理剖检记录。

⑤ 病猪剖检注意事项

a. 剖检前准备　剖检前应详细了解病猪来源、病史、临床症状、治疗经过和临死前表现。

b. 场地和尸体处理　剖检场地应选择便于消毒和防止病原扩散的地方，最好在专设的具有消毒条件的解剖室内进行剖检。剖检前应在尸体体表喷洒消毒药液。死于传染病的尸体，可采用深埋或焚烧法处理。搬运尸体的工具及尸体污染场地也应注意清理消毒。

c. 被检对象的选择　剖检猪最好是濒死猪，或死后不久的猪。被剖检猪生前症状具有代表性，为了客观准确可多选择几头在疾病流行期间不同时期出现的病、死猪。

d. 剖检时间　剖检应在病猪死后尽早进行。死后时间过长（夏天不得超过 4h）的尸体，因发生自溶和腐败而无法判断原有病变，失去剖检意义。剖检最好在白天进行，因为灯光下很难把握病变组织的颜色。

e. 要正确认识尸体变化　动物死后，在体内存在的酶和细菌的作用下，以及外界环境的影响，逐渐发生一系列的死后变化。其中包括尸冷、尸僵、尸斑、血液凝固、溶血、尸体自溶与腐败等。正确地辨认尸体的变化，可以避免把某些死后变化误认为生前的病理变化。

(3) 剖检人员的防护　剖检者要穿工作服，戴胶皮手套和线手套以及工作帽、口罩、防护镜，穿胶靴，采取各种防护手段，防止感染各种微生物、寄生虫。剖检完毕应将器械及地面清洗干净，若疑为传染病必须进行消毒。

(4) 病理剖检可能的病变　见表5-1～表5-3。

表5-1　病猪尸体外部病理变化可能涉及的疾病

器官	病理变化	可能涉及的疾病
眼	眼角有泪痕或眼屎	流感、猪瘟、萎缩性鼻炎
	眼结膜充血、苍白、黄染	热性传染病、贫血、黄疸
	眼睑水肿	水肿病
口鼻	鼻孔有炎性渗出物流出	流感、气喘病、萎缩性鼻炎
	鼻歪斜、颜面部变形	萎缩性鼻炎
	上唇吻突及鼻孔有水疱、糜烂	口蹄疫、水疱病
	齿龈、口角有点状出血	猪瘟
	唇、齿龈、颊部黏膜溃疡	猪瘟
	齿龈水肿	猪水肿病
皮肤	胸、腹和四肢内侧皮肤有大小不一的出血斑点	猪瘟、湿疹
	皮肤出现红紫色斑块并肿胀	皮炎肾病综合征
	皮肤弥漫性潮红	链球菌病、胸膜肺炎
	方形、菱形红色疹块	猪丹毒
	耳尖、鼻端、四蹄呈紫色	沙门菌病、猪繁殖与呼吸综合征、中毒病等
	下腹和四肢内侧有痘疹	猪痘
	蹄部皮肤出现水疱、糜烂、溃疡	口蹄疫、水疱病等
	咽喉部明显肿大	链球菌病、猪肺疫等
肛门	肛门周围和尾部有粪污染	腹泻性疾病

表 5-2 各器官病理变化及可能涉及的疾病

器官	病理变化	可能涉及的疾病
皮下肌肉	皮下脂肪黄染	附红细胞体病、巴贝斯虫病、钩体病
	头颈部皮下、肌肉有大量液体流出	猪水肿病
	皮下、肌肉大面积坏死、腐烂、化脓	坏死杆菌病
	臀肌、肩胛肌、咬肌部外有米粒大囊泡	猪囊尾蚴病
	肌肉组织出血、坏死、含气泡	恶性水肿
	腹斜肌、大腿肌、肋间肌有与肌纤维平行的毛根状小体	住肉孢子虫病
血液	血液凝固不良	链球菌病、中毒性疾病、附红体病
淋巴结	全身淋巴结髓样肿胀，切面多汁外翻，有坏死点	弓形虫病
	颌下淋巴结肿大，出血性坏死	猪炭疽、链球菌病
	全身淋巴结有大理石样出血变化	猪瘟
	淋巴结黄白色干酪样结节	猪结核
	淋巴结充血、水肿、小点状出血	急性猪肺疫、猪丹毒、链球菌病
	支气管淋巴结、肠系膜淋巴结髓样肿胀	气喘病、猪肺疫、传染性胸膜肺炎、副伤寒
	淋巴结肿大，无明显出血变化	附红细胞体病、圆环病毒病、弓形虫病
	肠系膜淋巴结切面灰白多汁，有灰黄色小点，有时出血	副伤寒
肝	坏死灶	副伤寒、弓形虫病、李氏杆菌病、伪狂犬病
	土黄色	附红细胞体病、钩端螺旋体病
	有针尖大黄白色斑点，病程拖长者有干酪样病灶	副伤寒
	实质有黄白色干酪样结节	结核病
胆囊	出血	猪瘟
	水肿	链球菌病
	胆囊肿大，内含黏稠胆汁	附红体病、巴贝斯虫病、圆环病、钩体病
脾	脾边缘有出血性梗死灶	猪瘟、链球菌病、圆环病、伪狂犬病
	脾肿大，淤血	链球菌病、猪丹毒
	淤血肿大，灶状坏死	弓形虫病
	肿大、白髓明显，病程拖长者有干酪样病灶	副伤寒
	脾肿大，质硬	附红细胞体病

续表

器官	病理变化	可能涉及的疾病
肾	混浊肿胀	热性传染病
	背景贫血发黄，有针尖大出血点	猪瘟
	肾肿大，苍白，白色坏死灶深入肾皮质	圆环病毒病
	皮质小点出血或有灰白色小点	弓形体病
	暗红色，皮质有出血点	猪肺疫
	暗紫色死灶	猪肺疫(慢性)
	高度淤血蓝紫色、皮质小点出血，突出于切面	猪丹毒
	略红，肾小管色黄白，皮质小点出血	副伤寒
膀胱	黏膜有出血点	猪瘟
	红色尿	附红体病、钩体病
腹腔	腹腔腹膜上有出血点	败血症
	腹腔有大量浆液	猪水肿、弓形虫病
胃	胃黏膜斑点状出血，溃疡	猪瘟、胃溃疡、圆环病
	胃黏膜充血、卡他性炎症，呈大红布样	猪丹毒、食物中毒
	胃壁肌间水肿	水肿病
小肠	黏膜小点状出血	猪瘟
	节段状出血性坏死，浆膜下有小气泡	梭菌性肠炎
	以十二指肠为主的出血性、卡他性炎症	仔猪黄痢、猪丹毒、食物中毒
	肠腔扩张，肠壁变薄	传染性胃肠炎、流行性腹泻
	肠系膜水肿	水肿病
大肠	盲肠、结肠黏膜灶状或弥漫性坏死	仔猪副伤寒
	盲肠、结肠黏膜扣状溃疡	猪瘟、圆环病、副伤寒
	肠壁肿胀，黏膜充血、出血坏死、内充满血液和黏液	猪痢疾
	大肠系膜水肿	水肿病、增生性肠炎
胸腔	胸膜上有出血点	败血症
	纤维素性胸膜炎及粘连	猪肺疫、猪传染性胸膜肺炎
	胸腔淡黄色积液	水肿病、弓形虫病
	胸腔大量血样胸水	猪传染性胸膜肺炎
	胸腔大量污浊的液体	副猪嗜血杆菌病
肺	出现斑点	猪瘟
	纤维素性肺炎	猪肺疫、传染性胸膜肺炎、副猪嗜血杆菌病
	心叶、尖叶、中间叶肉样变	气喘病
	水肿，小点状坏死	弓形虫病

续表

器官	病理变化	可能涉及的疾病
肺	间质性肺炎、肺水肿	猪繁殖与呼吸综合征、伪狂犬、烟曲霉毒素中毒、心衰
	浆液性出血性肺炎、外观枣红色，间质变宽有透明液体积聚	猪肺疫
	浆液性出血性肺炎、外观略红或略淡，间质变宽，血管怒张	副伤寒
	萎缩不全、水肿、间质增宽	弓形虫病
	肿大、水肿有紫红色肺炎病灶	猪流感
	粟粒样，干酪样结节	结核病
心	心外膜斑点状出血	猪瘟、猪肺疫、链球菌病
	心肌条纹状坏死带	口蹄疫
	纤维素性心外膜炎	猪肺疫、副猪嗜血杆菌病
	心瓣膜菜花样增生物	链球菌病（慢性）、猪丹毒（慢性）
	心肌内有米粒大灰白色包囊泡	猪囊尾蚴病
骨骼	骨骺线出血或变白	猪瘟
	鼻甲骨萎缩	萎缩性鼻炎
扁桃体	扁桃体坏死	伪狂犬病
睾丸	一侧或双侧睾丸肿大、发炎、坏死或萎缩	乙型脑炎、布鲁菌病

表 5-3　主要猪病剖检病变

病名	主要病变
仔猪红痢	空肠、回肠有节段性出血性坏死
仔猪黄痢	主要在十二指肠有卡他性炎症
轮状病毒感染	胃内有凝乳块，大、小肠黏膜呈弥漫性出血，肠壁菲薄
传染性胃肠炎	主要病变在胃和小肠，呈现充血、出血并含有未消化的凝乳块，肠壁变薄
流行性腹泻	病变在小肠，肠壁变薄，肠腔内充满黄色液体，肠系膜淋巴结水肿，胃内空虚
仔猪白痢	胃肠黏膜充血，含有稀薄的食糜和气体，肠系膜淋巴结水肿
沙门菌病	盲肠、结肠黏膜呈弥漫性坏死，肝、脾淤血并有坏死点，淋巴结肿胀、出血
猪痢疾	盲肠、结肠黏膜发生卡他性、出血性炎症，肠系膜充血、出血
猪瘟	皮肤、浆膜、黏膜及喉、肾、膀胱等有出血点，淋巴结出血、水肿，回盲瓣扣状溃疡
猪丹毒	体表疹块；肾充血，有出血点；脾充血，心内膜有菜花状增生物；关节炎

续表

病名	主要病变
链球菌病	败血症，心内膜炎，脑膜炎，关节炎，血凝不良
圆环病毒病	尸体极度消瘦，淋巴结肿大切面白色，肺表面花斑状、肺质地变硬。肝正常或轻度到中度萎缩，脾肿大，切面肉状、无充血，肾肿大、苍白
猪肺疫	全身皮下、黏膜、浆膜明显出血，咽喉部水肿，出血性淋巴结炎，胸膜与心包粘连，肺肉变
传染性胸膜肺炎	急性出血性胸膜肺炎，亚急性纤维素性坏死性胸膜肺炎
副猪嗜血杆菌病	多发性关节炎，多发性浆膜炎(胸、腹、心包纤维素性渗出物)胸腔心包腔液体黄色至混浊，尸体消瘦，毛孔出血点
气喘病	肺尖叶、心叶及部分膈叶的前下方肉样变，肺门及纵隔淋巴结肿大
猪繁殖与呼吸综合征	肺红褐色花斑状、不塌陷，淋巴结肿大呈褐色，间质性肺炎
附红细胞体病	血液稀薄，皮肤和黏膜贫血状，黄疸，淋巴结肿大，脾肿大，胆囊内充满浓稠胆汁
伪狂犬病	咽喉及扁桃体坏死，肝坏死，脾坏死，肾坏死，脑水肿
猪水肿病	胃壁、结肠系膜和下颌淋巴结水肿，下眼睑、颜面及头颈皮下有水肿
弓形虫病	出血性淋巴结炎，肺间质水肿，脾肿大，肝色淡，肝脾肺散在出血点或坏死灶
口蹄疫	口腔、蹄部、乳房皮肤有水泡或溃烂，心肌坏死，肺淤血水肿，肝淤血，腹腔有少量纤维素和淡黄色液体

(5) 病料的采取、保存和送检 病料送检方法应依传染病的种类和送检目的的不同而有所区别。

① 病料采取 合理取材是实验室检查能否成功的重要条件之一。第一，怀疑某种传染病时，则采取该病常侵害的部位。第二，找不出怀疑对象时，则采取全身各器官组织。第三，败血性传染病，如猪瘟、猪丹毒等，应采取心、肝、脾、肺、肾、淋巴结及胃肠等组织。第四，专嗜性传染病或以侵害某种器官为主的传染病，则采取该病侵害的主要器官组织，如狂犬病，采取脑和脊髓，猪气喘病采取肺的病变部，呈现流产的传染病则采取胎儿和胎衣。第五，检查血清抗体时，则采取血液，待凝固析出血清后，分离血清，装入灭菌小瓶送检。

② 病料保存　欲使实验室检查得出正确结果，除病料采取适当外，还需使病料保持新鲜或接近新鲜的状态。如病料不能立即进行检验，或须寄送到外地检验时，应加入适量的保存剂。

a. 细菌检验材料的保存　将采取的组织块，保存于饱和盐水或30%甘油缓冲液中，容器加塞封固。

饱和盐水的配制：蒸馏水100mL，加入氯化钠38～39g，充分搅拌溶解后，用数层纱布过滤，高压灭菌后备用。

30%甘油缓冲溶液的配制：纯净甘油30mL，氯化钠0.5g，碱性磷酸钠（磷酸氢二钠）1.0g，蒸馏水加至100mL，混合后高压灭菌备用。

b. 病毒检验材料的保存　将采取的组织块保存于50%甘油生理盐水或鸡蛋生理盐水中，容器加塞固定。

50%甘油生理盐水的配制：氯化钠8.5g，蒸馏水500mL，中性甘油500mL，混合后分装，高压灭菌备用。

鸡蛋生理盐水的配制：先将新鲜鸡蛋的表面用碘酊消毒，然后打开，将内容物倾入灭菌的容器内，按全蛋9份加入灭菌生理盐水1份，摇匀后用纱布过滤，然后加热至56～58℃持续30min，第二日和第三日各按上法加热一次，冷却后即可使用。

c. 病理组织学检验材料的保存　将采取的组织块放入10%的福尔马林溶液或95%酒精中固定，固定液的用量须为标本体积的5～6倍以上，如用10%福尔马林固定，应在24h后换新鲜溶液一次。严寒季节为防止组织块冻结，在送检时可将上述固定好的组织块取出，保存于甘油和10%福尔马林等量混合液中。

③ 病料送检

a. 病料的记录和送检单　病料应在容器上编号，并附详细记录，有送检单。

b. 病料包装　病料包装要安全稳妥。对于危险材料、怕热或怕冻的材料，应分别采取措施。一般说来，微生物学检验材料都怕受热，病理检验材料都怕冻。

c. 病料运送　病料装箱后，应尽快送到检验单位，短途可派专人送去，远途可以空运。

④ 注意事项

a. 采取病料要及时，应在动物死后立即进行，最好不超过6h。如拖延过久（特别是夏天），组织变性和腐败，不仅有碍于病原微生物的检出，也影响病理组织学检验的正确性。

b. 应选择症状和病变典型的病例，最好能同时选择几种不同病程的病料。

c. 取材动物应是未经抗菌或杀虫药物治疗的，否则会影响细菌和寄生虫的检出结果。

d. 剖检取材之前，应先对病情、病史加以了解和记录，并详细进行剖检前的检查。

e. 除病理组织学检验材料及胃肠等以外，其他病料均应以无菌操作采取。为了减少污染机会，一般先采取微生物学检验材料，然后再结合病理剖检，采取病理检验材料。

4. 实验室诊断

传染病和寄生虫病都是由病原体所引起，并能诱发免疫应答，故病原体和血清特异性抗体的检出，对确定诊断及进行流行病学调查具有重要意义。实验室检查方法有病原体检查和血清学检查。血清学检查检测特异性抗体或抗原，包括沉淀试验（含琼脂扩散试验）、凝集试验（含间接血凝试验等）、补体结合试验、中和试验、免疫荧光试验、放射免疫试验、酶联免疫吸附试验等；病原体检查包括显微镜和电镜检查、病原体的分离培养鉴定、动物和鸡胚接种试验等；随着分子生物学研究的进展，目前已开始应用核酸探针、多聚酶链式反应、核酸分析等技术检测病原的存在。

5. 猪常见病的鉴别诊断

有腹泻症状的猪病鉴别诊断见表5-4。

猪呼吸道疾病的鉴别诊断见表5-5。

猪传染性繁殖障碍的鉴别诊断见表5-6。

有神经症状猪病的鉴别诊断见表5-7。

猪皮肤病的鉴别诊断见表5-8。

表5-4 有腹泻症状的猪病鉴别诊断

病名	病原	流行特点	主要临床症状	特征病理变化	实验室诊断
猪瘟	猪瘟病毒	不分品种、年龄、性别，无季节性，病死率高，流行广、流行期长，易继发或混合感染	体温40～41℃，先便秘，粪便呈算盘珠样，带血和黏液，后腹泻，后腿交叉步，后躯摇摆颈部、腹下、四肢内侧发绀，皮肤出血，公猪包皮积尿，眼部有黏脓性眼眵，个别有神经症状	皮肤、黏膜、浆膜广泛出血；雀斑肾，脾梗死，回肠、盲肠扣状肿，淋巴结周边出血，黑紫，切面大理石状；孕猪流产，或产死胎、木乃伊胎等	分离病毒，测定抗体，接种家兔
猪传染性胃肠炎(TGE)	冠状病毒	各种年龄猪均可发病，10日龄内仔猪发病死亡率高，大猪很少死亡。常见于寒冷季节。传播迅速，发病率高	突发，先吐后泻，稀粪黄浊、污绿或灰白色，带有凝乳块，脱水，消瘦，大猪多于一周左右康复	脱水消瘦，肠绒毛萎缩，肠壁菲薄，肠腔扩张、积液，	分离病毒，接种易感猪
猪流行性腹泻(PED)	冠状病毒	与TEG相似，但病死率低，传播速度较慢	与TEG相似，亦有呕吐、腹泻、脱水症状，主要是水泻	与TEG相似	分离病毒，检测抗原
轮状病毒	轮状病毒	仔猪多发，寒冷季节，发病率高死亡率低	与TEG相似，但较轻缓。多为黄白色或灰暗色水样稀粪	与传染性胃肠炎相似，但较轻	分离病毒，检测抗原
仔猪白痢	大肠杆菌	10～30日龄多见地方流行，病死率低，与环境特别是温度有关	排白色糊状稀粪，腥臭，可反复发作，发育迟滞	小肠卡他性炎症，结肠充满糊状内容物	分离细菌

续表

病名	病原	流行特点	主要临床症状	特征病理变化	实验室诊断
仔猪黄痢	大肠杆菌	7日龄内仔猪常发，发病率和病死率均较高	发病突然，拉黄、黄白色水样粪便，带乳片，气泡，腥臭，不食，脱水，消瘦，昏迷而死	脱水，皮下及黏浆膜水肿；小肠有黄色液体气体，淋巴结出血点，肠壁变薄，胃底出血溃疡	分离细菌
仔猪红痢	梭菌	3日龄内多见，由母猪乳头感染，消化道传播病死率高	血痢，带有米黄色或灰白色坏死组织碎片，消瘦、脱水、药物治疗无效，约一周死亡	小肠严重出血坏死，内容物红色、有气泡	分离细菌，接种动物
副伤寒	沙门菌	2～4月龄多发，地方流行性，与饲养、环境、气候等有关，流行期长，发病率高	体温41℃以上，腹痛腹泻，耳根、胸前、腹下发绀，慢性者皮肤有痂状湿疹	败血症、肝坏死性结节，脾肿大；大肠糠麸样坏死	分离细菌，涂片镜检
猪痢疾	螺旋体	2～4月龄多发，传播慢，流行期长，发病率高，病死率低	体温正常，病初可略高，粪便混有多量黏液及血液，常呈胶冻状	大肠出血性、纤维素性、坏死性肠炎	镜检细菌，测定抗体
增生性肠病	胞内劳森菌	5周龄至6月龄多发	急性型水样出血性腹泻（葡萄酒色），体弱，共济失调。慢性型腹泻粪便从糊状至稀薄	回肠炎和/或结肠炎，黏膜增厚，有时发生坏死或溃烂。在急性型，回肠和/或结肠形成血栓，屠体苍白	粪便或肠道黏膜PCR菌检，组织病理学检查

表5-5 猪呼吸道疾病的鉴别诊断

病名	病原	流行特点	临床症状	病理变化
气喘病	支原体	初产母猪后代多发，大小猪均可发病，发病率高，死亡率低，病程长，可反复发作，与饲养管理、舍内气候条件有关	体温不高，咳、喘，呼吸高度困难，痉挛性咳嗽，早、晚、运动、食后及变天时更明显，腹式呼吸，有喘鸣音	肺气肿、水肿，有肉变、胰变（虾肉变），呈紫红、灰白、灰黄色

续表

病名	病原	流行特点	临床症状	病理变化
胸膜肺炎	放线杆菌	保育猪最易感，初次发生呈群发，死亡率高，与饲养、环境等有关，急性者病程短，地方性流行	体温升高，高度呼吸困难，犬坐姿势，张口、伸舌，口、鼻有带泡沫黏液，耳、口、鼻皮肤发绀	出血性、坏死性、纤维素性胸膜肺炎，心包炎胸水，腹水淡黄或暗红色；肺紫色或灰黑色，与胸膜粘连
萎缩性鼻炎	巴氏杆菌、波氏杆菌	1周龄内发病死亡率高，断奶前感染易发生鼻炎，断奶后感染多呈隐性，传播慢，流行期长，可垂直传播	1周龄内多发生肺炎而急性死亡，断奶前感染者表现咳嗽，喷嚏，鼻炎，面部变形，面部皮皱变深，流泪，流鼻涕、鼻血	鼻甲骨、鼻中隔萎缩，变形，严重者消失
猪肺疫	巴氏杆菌	生长育肥猪多见，与季节、气候、饲养条件、卫生环境等有关，发病急、病程短，死亡率高	体温升高，剧咳，流鼻涕，触诊有痛感；呼吸困难，张口吐舌、犬坐、黏膜发绀，先便秘后腹泻；皮肤淤血出血；心衰、窒息而死	咽、喉、颈部皮下水肿，纤维素性胸膜肺炎，肺水肿气肿、肝变，切面呈大理石状条纹胸腔、心包积液
链球菌病	链球菌	各种年龄均易感，与饲养管理、卫生条件等有关，发病急，感染率高，流行期长	体温升高，咳，喘，关节炎，淋巴结脓肿，脑膜炎，耳端，腹下及四肢皮肤发绀，有出血点	内脏器官出血，脾肿大，关节炎，淋巴结化脓
猪流感	流感病毒	多种动物易感，发病率高、传播快、流行广、病程短，死亡率低	体温升高，咳、喘，呼吸困难，流鼻涕、流泪，结膜潮红，病程约一周	肺充血水肿
猪繁殖与呼吸综合征	动脉炎病毒	孕猪和乳猪易感，新疫区发病率高，仔猪死亡率高，垂直传播	乳猪发热，呼吸困难，咳嗽，共济失调，急性死亡，母猪皮肤发绀，妊娠晚期流产、死胎	仔猪淋巴结肿大、出血，脾肿大，肺淤血、水肿、肉变
伪狂犬病	伪狂犬病毒	多种动物易感，孕猪和新生猪为最，感染率高，发病严重，仔猪死亡率高，垂直传播，流行期长	体温40～42℃，呼吸困难，腹式呼吸，咳嗽、流鼻涕、腹泻、呕吐，有中枢神经系统症状，共济失调，很快死亡，孕猪发生流产、死胎	扁桃体、肺、肝、脾、肾及胃肠道有坏死灶，肾脏针尖状出血，脑膜充血、出血
弓形虫	弓形虫	各种年龄的猪均易感	体温40～42℃，咳，喘，呼吸困难，有神经症状，后期体表有紫斑及出血	皮肤出血，间质性肺炎、脾肿大

续表

病名	病原	流行特点	临床症状	病理变化
副猪	副猪嗜血杆菌	2周龄到4月龄的猪均易感，多见于保育猪	发热，厌食，反应迟钝，呼吸困难，咳嗽，疼痛，关节肿胀，跛行，颤抖，共济失调，可视黏膜发绀，侧卧，消瘦和被毛粗乱	单个或多个浆膜面浆液性和化脓性纤维蛋白渗出物，包括腹膜、心包膜和胸膜，损伤也可能涉及脑和关节表面

表 5-6 猪传染性繁殖障碍的鉴别诊断

	流行特点	临床症状				剖检病变
		仔猪	育肥猪	母猪	公猪	
乙型脑炎	以蚊子为媒介，夏秋季发病，散发，多隐性感染	体温升高及个别猪兴奋或麻痹症状		突发流产或产弱胎、死胎、木乃伊胎（胎龄不同）	睾丸炎	胎儿皮下水肿。肝、脾、肾坏死灶，非化脓性脑炎及脑液化
细小病毒感染	夏秋季发病，初产母猪多发	无明显症状		母猪无症状，产死胎、木乃伊胎（胎龄不同）		胎儿皮下水肿、非化脓性脑炎
伪狂犬病	寒冷季节多发；初产母猪和经产母猪都发病；病毒持续感染	仔猪神经症状和高死亡率	呼吸道症状，偶神经症状	呼吸道症状；流产或产死胎、弱胎（常为同一胎龄）	阴囊炎、不育	仔猪脑脊髓炎，肺充血、水肿，肝脾坏死灶
猪繁殖与呼吸综合征	寒冷季节多发；孕猪及仔猪最易感。肥育猪发病温和。引起免疫抑制。	发热、呼吸困难，月内死亡率25%～40%	轻微的呼吸道症状	发热、厌食、嗜眠、皮肤斑状变红、发绀，流产（常为同一胎龄）后期		病死仔猪胸腔积水，皮下、肌肉及腹膜下水肿，间质性肺炎
猪瘟	各年龄猪均易感，持续性感染及免疫耐受	发热、厌食、呕吐、腹泻、结膜炎、呼吸困难、红斑、发绀、共济失调		母猪无明显症状，产木乃伊胎、死胎（胎龄不同）、弱胎或外表健康仔猪		胎儿皮下水肿，淋巴结、肾出血及表面凹凸不平、胸腺萎缩
肠道病毒感染	各年龄猪均易感，仅怀孕母猪感染后出现繁殖障碍	无症状		胚胎吸收或木乃伊胎，畸形胎、弱胎及水肿仔猪		死亡胎儿皮下及肠系膜水肿，体腔积水，脑膜及肾皮质出血

续表

	流行特点	临床症状				剖检病变
		仔猪	育肥猪	母猪	公猪	
衣原体病	秋冬流行严重，初产怀孕母猪和新生仔猪最敏感。	肺炎、肠炎、多发性关节炎脑炎、结膜炎的症状和病变		怀孕后期流产、产死胎或弱仔（胎龄基本相同）	尿道炎、睾丸炎	胎儿皮下水肿、头颈四肢出血，肝充血、出血、肿大
布鲁菌病	各种年龄猪均易感，以生殖期发病最多，一般仅流产一次，多散发	无明显症状		孕后4～12周流产或早产（胎龄基本相同），流产前短暂发热	睾丸炎	公猪睾丸脓肿及关节炎症，流产胎儿无特殊病变，无木乃伊胎
钩端螺旋体病	鼠为主要传染源。常发于温暖地区的夏秋季，散发或地方流行	仔猪及育肥猪体温升高，结膜及皮肤泛黄、潮红、尿茶色或血尿		流产多见于中后期（常接近同一胎龄）		黄疸，体腔积液，肝胆肿大；肾肿大，常有白斑；有时头、颈背及胃壁水肿
附红细胞体病	各年龄猪均易感，隐性感染率高	发热、厌食、便干、尿黄或茶色尿 早期耳充血发红，后期贫血或黄疸		多发产前不食，产死胎（成熟胎），产弱仔（贫血状）、产后乳汁不足		黄疸、血稀，淋巴结肿大，心肌苍白松软，肾肿大、质脆，肝脾肿大，胆汁浓稠

表5-7 有神经症状猪病的鉴别诊断

病名	病原	流行特点	主要临床症状	特征病理变化	实验室诊断
伪狂犬病	伪狂犬病毒	孕猪和新生猪为最，感染率高，发病严重，仔猪死亡率高，垂直传播，流行期长，无季节性	体温升高，呼吸困难，腹式呼吸，咳嗽，流鼻涕，腹泻，呕吐，有中枢神经系统症状，共济失调，很快死亡，孕猪流产，产死胎、木乃伊胎	呼吸道及扁桃体出血，肺水肿，出血性肠炎，胃底部出血，肾脏出血，脑膜充血、出血	分离病毒接种家兔，有多种方法检测抗体
李氏杆菌病	李氏杆菌	断奶前后仔猪最易感，冬春季多见，散发，致死率高，应激因素有关	体温升高，震颤，共济失调，奔跑转圈，后退，痉挛性抽动，头后仰呈观星状，吐白沫或后躯瘫痪	肺、脑膜充血水肿，脑脊液增多，淋巴结肿大出血，气管出血，肝、脾肿大坏死	镜检，分离细菌，接种动物测定抗体

续表

病名	病原	流行特点	主要临床症状	特征病理变化	实验室诊断
链球菌病	链球菌	不分年龄，与饲养管理、卫生条件等有关，发病急，感染率高，流行期长	体温升高，咳，喘，关节炎，淋巴结脓肿，脑膜炎，耳端，腹下及四肢皮肤发绀，有出血点	血凝不良，内脏器官出血，脾肿大，关节炎，淋巴结化脓	镜检 分离细菌
水肿病	大肠杆菌	断奶后或有严重应激状态下易发，营养良好者多发，地方流行性或散发，致死率高	共济失调，步态不稳，转圈抽搐，尖叫吐白沫，四肢泳动，眼睑、头颈、全身水肿，呼吸困难，1～2天死亡	患部水肿，有透明、微黄色液体，胃大弯、大肠、肠系膜有胶冻状物，淋巴结肿大，脑脊髓水肿	镜检 分离细菌
弓形虫病	弓形虫	各种年龄的猪均易感	体温升高，咳、喘、呼吸困难，有神经症状，体表有紫斑及出血点	皮肤出血，间质性肺炎，脾肿大	涂片镜，检测定抗体
捷申病	猪肠病毒	1月龄最易感，冬春多见，新疫区暴发，老疫区散发，传播慢，流行期长，病死率高	体温升高，后肢后伸前肢前移，运步失调反复跌倒，麻痹，眼球震颤，角弓反张，惊厥尖叫磨牙	脑膜水肿充血，肌肉萎缩，非化脓性脑脊髓炎	分离病毒检测抗体
血凝性脑脊髓炎	冠状病毒	1～3周龄仔猪最易感，感染率高，发病率低，多在引进种猪后发病，散发或地方流行性，冬春多见	昏睡，呕吐，便秘，四肢发绀，呼吸困难，喷嚏咳嗽，痉挛磨牙，步态不稳，麻痹犬坐、泳动，转圈、角弓反张、眼球震颤失明	无肉眼病变，非化脓性脑炎，呕吐型则有胃肠炎变化	分离病毒测定抗体
乙型脑炎	乙脑病毒	蚊虫叮咬传播，散发，感染率高，发病率低，偶见于仔猪	体温升高，个别猪后肢轻度麻痹，步态不稳，跛行，抽搐，摆头，孕母猪流产、死胎、木乃伊，公猪一侧性睾丸炎	流产胎儿脑水肿，脑膜和脊髓充血，非化脓性脑炎，脑发育不全，皮下水肿，肝、脾有坏死	分离病毒接种小鼠测定抗体

表 5-8 猪皮肤病的鉴别诊断

病名	病因学	发病年龄	病变	部位	发病率/死亡率
渗出性皮炎	葡萄球菌＋其他因子、皮肤擦伤	1～4 周龄为急性；4～12 周龄为局灶性	皮肤渗出、油脂皮、红斑	小猪广泛分布；大猪呈局限性	通常低，偶然达 90%/低
脓疱皮炎	葡萄球菌链球菌	哺乳仔猪	脓疱、红斑瘀点脓肿	耳、眼、背、尾部、大腿	通常低
坏死杆菌病	创伤＋坏死杆菌＋继发细菌	从出生至 3 周龄	浅表溃疡褐色硬痂	面部、颊部、眼、齿龈	高达 100%/低
溃疡性肉芽肿	猪疏螺旋体＋坏死杆菌	小猪，也见于各年龄的猪	肉芽肿性病变，耳部有结痂	任何部位的感染伤口	低/低
日光性皮炎	由密闭舍转开放舍而日照防护不够	白猪，小猪，也见于各年龄的猪	皮肤红斑，水肿，患处发热、疼痛，肌肉颤搐	背部、耳后	高/低
猪丹毒	丹毒杆菌	各种年龄，哺乳仔猪不常发	红斑，隆起长方形肿块、坏死，败血症	分布广肩部、背部、腹部、后腿、蹄部	高达 100%/低
猪痘	正痘病毒、猪痘病毒	哺乳猪和断奶猪	水泡、丘疹，达 6mm 的脓疱	分布广，主要在腹部	不一致/很低
疥癣	猪疥螨感染＋超敏反应	各种年龄特别是仔猪、生长育肥猪	丘斑、黑斑、红斑、过度角化	耳、眼、颈、四肢、躯干	100%/低
皮肤坏死	外伤	出生至 3 周龄	坏死、溃疡	膝、跗关节、尾部、乳头、阴门等处	高达 100%/很低
玫瑰糠疹	不定常见于长白猪	2～12 周龄，偶发于 12 周龄以后	散在的融合性环、边缘隆起	主要在腹部、大腿、偶见全身	低/无
过度角化症	环境、脂肪酸缺乏	种猪	皮屑过多黑褐色素沉着	颈部、肩部、腹部、臀部	10%～80%/无
角化不全	锌缺乏，钙过量(干饲)	各种年龄，特别是生长育肥猪	隆起的红斑，薄痂，角化	四肢、面部、颈部、臀部	不一致/无

续表

病名	病因学	发病年龄	病变	部位	发病率/死亡率
真菌	矮小孢子菌、毛癣菌	各种年龄	小点至大圆形病变、褐色结痂形成，痂性边缘	广泛分布，常见于耳后	低/无
水泡性疾病	病毒	各种年龄	水泡	蹄冠、鼻、舌	高达100%/很低
皮炎与肾病综合征	圆环病毒2型	8～18周龄	皮肤红斑，皮下水肿	全身各部，会阴和四肢最明显	0.15%～2%，个别可达7%/低

6. 猪的给药方法

(1) 群体给药方法 现代集约化规模化猪病控制中，关键措施就是群防群治。将药物添加到饲料或饮水中防治猪病是国内养殖场经常使用的方法。药物的使用，要求混合均匀，添加量要准确，防止中毒的发生。

① 饲料中添加药物剂量的确定 混饲剂量是指单位重量饲料（日粮）中，均匀添加药物的克数或毫克数。通常用g/t表示。

确定混饲剂量的两个基本指标包括动物内服给药剂量（mg/kg. b. w）和动物每天（24h）摄食量。

混饲剂量的确定与计算方法：

设 d 为内服剂量（mg/kg. b. w）；

W 为一天（24h）猪每千克体重的摄食量；

t 为一天（24h）内服药物的次数；

D 为混饲剂量（单位饲料量中添加药物的克数或毫克数）；

则有 $$D=d\times t/W$$

由于动物品种不同，生长期不同或用途不同，其摄食量（W）是不一样的。一般肥育猪每天（24h）的摄食量占其体重5%，即50g/1000g体重；仔猪每天（24h）的摄食量占其体重6%～8%（平均为7%）。即每1000g体重一天进食量为70g。

种猪（包括种公猪、母猪）体重较大，由于不同生产阶段喂料量不同，建议按体重大小确定每头猪的给药量，然后计算群体需药量，将药物拌在料中喂给。

• **举例 1**：猪内服乙酰甲喹（痢菌净）的剂量为 5～10mg/kg. b. w，每天 2 次，三天一疗程，试确定本品在仔猪饲料中的治疗添加量。

已知：$d=5\sim10$mg，$t=2$，$w=70$g$=70000$mg

则 $D=$（5～10）×2/70000＝140～280g/t（140～280mg/kg）

• **举例 2**：猪内服土霉素的剂量为 10～25mg/kg. b. w，每天 2～3 次，连用 3～5 天，试确定本品在肥育猪饲料中的治疗添加量。

已知：$d=10\sim25$mg，$t=2$，$w=50$g$=50000$mg

则 $D=$(10～25)×2/50000＝400～1000g/t(400～1000mg/kg)

② 添加方式的选择　防治疾病时，可将药物添加到饲料中，也可将药物添加到饮水中。

饲料添加用药一般适合于疾病的预防，而饮水添加用药一般适合于疾病的治疗。猪在发生传染性疾病时，会出现食欲下降或废绝，通过混饲给药进入到体内的药物量不足，通常不能达到理想的治疗效果。

在疾病状态下，动物的饮水一般比较正常，发热性疾病时，还可能略有增加，此时通过饮水添加用药，则可迅速达到治疗效果。

饮水添加给药的前提是所添加的药物制剂必须是水溶性的，否则药物会在饮水中沉淀下来，造成用药不均而中毒或治疗无效。非水溶性制剂不可通过饮水添加。通常饮水量是饲料量的 2 倍，因此药物的饮水浓度是混料浓度的 1/2。

（2）个体给药方法　如果给个别猪投药，则可在药物中加适量淀粉和水，制成舔剂或丸剂，而后助手将猪保定，投药者一手用木棒撬开猪的口腔，另一手将药丸或舔剂投入舌根部，抽出木棒，猪即可咽下。片剂药物也可采用本方法。

水剂药物可用灌药瓶或投药导管（为近前端处有横孔的胶管）投服。用投药导管投药时，需将开口器（也可用木棒）由猪口的侧方插入，开口器的圆形孔置于中央，投药者将导管的前端由圆形孔通过插入咽头，随着猪的咽下动作而送入食管内，然后吸引导管的后端，确认有抵抗性的负压状态（此时导管近前端的横孔紧贴于食管黏膜），即可将药剂容器连接于导管而投药，最后投入少量的清水，吹入空气后拔出导管。给仔猪口服少量液体药剂时，通常采用注射器或定量喷嘴注入口腔后自动咽下。

(3) 药物注射法 常用的注射器是钢化塑料注射器和连续注射器。

猪常用的注射针头有 3 种，即 12mm × 20mm，12mm × 25mm，12mm×38mm。12mm×20mm 多用于皮下注射，12mm×25mm 多用于肌内注射，12mm×38mm 多用于静脉和胸、腹腔注射。大公猪和老母猪可用 16 号针头，仔猪可用 9 号针头。

猪的注射方法有肌内注射、胸腔注射、腹腔注射、后海穴注射、静脉注射和皮下注射。大量采血时可在前腔静脉处施行。

① 肌内注射法 肌肉内血管丰富，注射药液后吸收较快，仅次于静脉注射，又因感觉神经较少，疼痛较轻，临床上较多应用。部位在耳后三角区或猪臀部。局部剪毛消毒后，以盛药液的注射器针头迅速垂直刺入肌肉内 3～4cm（小猪要浅些），回抽活塞没有回血，即可注入药液，注射完毕，拔出注射针，涂布碘酊。在使用金属注射器进行皮下或肌肉内注射时，一般在刺入动作的同时将药液注入。

② 胸腔注射法 术部位于肩胛骨后缘 3～6cm 处，两肋间进针。用 5%碘酊消毒皮肤，注射者左手寻找两肋间位置，将针头垂直刺入猪的胸腔。针头进入胸腔后，立即感到阻力消失，即可注入药液或疫苗。

③ 腹腔注射法 大猪在右髋关节下缘的水平线上，距离最后肋骨数厘米处的凹窝部刺入。小猪倒提保定，使其内脏下移，然后将针头刺入耻骨前缘 3～5cm 的正中线旁的腹壁内。局部皮肤用 5%碘酊消毒，针头与皮肤垂直刺入腹腔，回抽活塞，如无气体和液体时，即可缓缓注入药液。注入大量药液时，应将药液加温至与

体温同高。

④ 静脉注射法　将药液直接注于静脉内，使药液很快分布全身，奏效迅速，但排泄较快，作用时间短，对局部刺激性较大的药液均采用本法。部位在猪耳大静脉或前腔静脉。局部消毒后，注射者左手拇指和其他指捏住猪耳大静脉（或用橡皮带环绕耳基部拉紧做个活结），使其怒张，右手持注射器将针头迅速刺入（约45°）静脉，刺入正确时，可见回血，尔后放开左手（或取去橡皮带），徐徐注入药液，注射完毕，左手拿酒精棉球紧压针孔，右手迅速拔出针头。为了防止血肿，应继续紧压局部片刻，最后涂布碘酊。

静脉注射时，保定要确实。看准静脉后再刺入针头，避免多次扎针，引起血肿和静脉炎。针头确实刺入血管后再注入药液，注入速度不宜太快，以每分钟20mL左右为宜。在注射前要排除注射器内的空气。注射刺激性强的药物，不能漏在血管外组织中。油类制剂不能做血管内注射。

⑤ 后海穴注射法　注射位置位于尾根下方，进针方向平行于尾根，针刺深度1～4cm。回抽不见血即可注入药液或疫苗。

⑥ 皮下注射法　将药液注射于猪皮下结缔组织内，使药液经毛细血管、淋巴管吸收进入血液循环。多用于一些刺激性强的药品，如伊维菌素注射液。部位在耳根后或股内侧。

7. 猪病的治疗

治疗的目的就是采用各种治疗方法和措施，消除发病原因，保护机体的生理功能并调整其各种功能间的协调平衡关系，增强机体的抗病力，使之尽快康复。危害养猪业最常见的疾病是传染病，对流行性强、危害严重的传染病，或对人畜有严重威胁的传染病，或当地过去没有发生过的危害性较大的新病，或治疗费用较高的疾病，应将病猪淘汰处理。对一些细菌性疾病、散发性的疾病，可以考虑在做好隔离的前提下给予必要的治疗。

（1）病因疗法　是帮助动物机体杀灭或抑制病原体，消除病因素，使疾病痊愈，具有根本的治疗作用。当明确病原因素存在，并持续起致病作用时，应采用病因疗法。主要手段有如下。

① 特异性生物制剂疗法　应用针对某种传染病的高免血清、痊愈血清等生物制品对动物进行治疗，用于控制某些感染性疾病，是兽医常用的治疗方法，这些制品只对某种特定的传染病有疗效，而对其他疾病无效，故称特异性疗法。例如，破伤风抗毒素血清只能治疗破伤风，对其他病无效。

② 对抗病原的化学疗法　抗菌药是细菌性急性传染病的主要治疗药物，已在兽医临床上广泛应用，并已获得显著疗效。抗菌药的临床选用见“附录二”。

③ 替代疗法　是补充机体缺乏或损失的物质，以达到治疗目的的方法，包括输血疗法、激素疗法、维生素疗法。

④ 微生态平衡疗法　在正常情况下，动物胃肠道内的各类正常细菌处于相互协调和相互制约状态，保持一定的平衡（菌群平衡），正常菌群对致病菌的入侵有一定程度的颉颃作用。如果猪患病、生活环境突然发生变化或受某些应激因素的影响，尤其在长期应用广谱抗菌药后，会发生菌群失调，表现为腹泻症状难以治愈。应用微生态制剂治疗肠道感染性疾病，获得了满意的结果。在内服微生态制剂时禁用抗菌药物。

（2）针对猪体的治疗方法　通过增强非特异性抵抗力，调整和恢复生理机能，对提高抗感染能力，促进机体恢复健康的方法。

① 加强护理　在隔离治疗期间，应有专人管理，保持猪舍必要的温度、良好的通风环境，给予新鲜、易消化的饲料，供给充足的饮水。

② 对症治疗　根据症状进行对症治疗，如使用退热、强心、利尿、清泻、止泻、防止酸中毒等药物，可减缓划消除其主要症状，切断疾病发展过程中恶性循环的锁链，阻止病程发展，在治疗中具有重要的实际意义。特别是对某些急性经过的病例，应及时地采用对症治疗，以缓解病情，争取时间，为进一步治疗提供条件，正所谓“急则治标，缓则治本”。

对症治疗要分清症状主次，抓住影响理发展的主要矛盾和主导环节，不能一见发热就解热，一见疼痛就止痛。

③ 增强免疫　研究发现应用咪唑类化合物如左旋咪唑、甲硝唑、西咪替丁等可以显著提高机体的非特异性免疫能力。微量元素硒和维生素 E 是天然的抗氧化剂，可以防止组织细胞免受过氧化物的损害，保护细胞的完整性。免疫增强剂用于感染性疾病时会提高治疗效果。

对症治疗最重要的手段是药物疗法，此外还有某些手术疗法、营养疗法、物理疗法等。

(3) 病理机制疗法　包括各种刺激疗法和调节神经营养机能的疗法。

① 非特异性刺激疗法　如蛋白疗法、自家血疗法、同质血或异质血疗法等。

② 调节神经营养功能疗法　如保护性抵制疗法（应用某些麻醉、镇痛、镇静剂抑制疼痛性疾病）、封闭疗法、饥饿疗法等。

(4) 外科手术疗法　在现在养猪生产中，脐疝、阴囊疝、直肠垂脱、难产时常发生，及时通过外科手术处理，是必要的。

仔猪对疼痛耐受力良好，如果技术熟练，仔猪的小型手术（打耳号、剪犬齿、断尾、阉割）常在不麻醉的情况下操作。2%的利多卡因常用于脐和腹股沟疝的修复手术中。临床上可用的麻醉药品可参考“附录一”。

(三) 临床用药原则

1. 掌握适应症

抗微生物药各有其主要适应症，因此明确诊断是合理用药的前提。可根据临床诊断或实验室病原检验推断或确定病原微生物。再根据药物的抗菌活性（必要时，对分离出的病原菌作药敏测定）、熟悉药动学（包括吸收、分布、代谢、排泄过程、血药半衰期、各种给药途径的生物利用度）、不良反应、药源、价格等方面情况，选用适当药物。一般对革兰阳性菌引起的疾病，如猪丹毒、葡萄球菌性或链球菌性炎症、败血症等可选用青霉素类、头孢菌素类、四环素类、氯霉素和红霉素类等；对革兰阴性菌引起的疾病如巴氏杆菌病、大肠杆菌病、肠炎、泌尿道炎症等则优先选用氨基糖苷类、氟苯尼考和氟喹诺酮类等；对绿脓杆菌引起的创面感染、尿路感染、败血症、肺炎等可选用庆大霉素、多黏菌素类和羧苄西林等，氟喹诺酮类和大环内酯类对绿脓杆菌也有很好的效果。而对支原体引起的猪喘气病则首选大环内酯类（如替米考星、泰乐菌素系列产品）、氟喹诺酮类药（恩诺沙星、达诺沙星等）、双帖烯类（泰妙菌素、沃尼妙林等）。

2. 控制用量、疗程和不良反应

药物用量同控制感染密切相关。剂量过小不仅无效，反而可能促使耐药菌株的产生；剂量过大不一定增加疗效，却可造成不必要的浪费，甚至可能引起机体的严重损害，如氨基糖苷类抗生素用量过大可损害听神经和肾脏。总之，抗菌药物在血中必须达到有效浓度，其有效程度应以致病微生物的药敏为依据。如高度敏感则因血中浓度要求较低而可减少用量，如仅中度敏感则用量和血浓度均须较高。一般对轻、中度感染，其最大稳态血药浓度宜超过 MIC4～8 倍，而重度感染则在 8 倍以上。抗菌药预防用量减半和治疗量加倍的做法是不科学的。猪场常用药物使用方法见“附录三”。

药物疗程视疾病类型和患畜病况而定。一般应持续应用至体温正常，症状消退后 2 天，但疗程不宜超过 5～7 天。对急性感染，如临床效果欠佳，应在用药后 5 天内进行调整（适当加大剂量或改换药物）；对败血症、副猪嗜血杆菌病等疗程较长的感染可适当延长疗程或在用药 5～7 天后休药 1～2 天再持续治疗。近年有些公司推荐母猪产前、产后各七天的连续用药方案是极度不合理或者说是严重错误的。

用药期间要注意药物的不良反应，一经发现应及时采取停药、更换药物及相应解救措施。肝、肾是许多抗微生物药代谢与排泄的重要器官，在其功能障碍时往往影响药物在体内的代谢和排泄。氟苯尼考、四环素类、大环内酯类等主要经肝脏代谢，在肝功能受损时，按常量用药易导致在体内蓄积中毒；氨基糖苷类、四环素类、头孢菌素类、多黏菌素类（注射剂）、磺胺药等在肾功能减退时应避免使用和慎用，必要时可减量或延长给药间期。

3. 严加控制或尽量避免应用的情况

（1）病毒性感染，除并发细菌感染外，均不宜使用抗菌药。因一般抗菌药都无抗病毒作用。抗病毒药对病毒感染性疾病没有什么有价值的作用，因此，农业部已经禁止抗病毒药在兽医临床的应用。

（2）发热原因不明，除病情危急外，不要轻易使用抗菌药。因使用后病原微生物不易被检出，并使临床表现不典型，难以正确诊断而延误及时治疗。

（3）尽量避免皮肤、黏膜等局部应用。因有可能发生过敏反应，并易导致耐药菌产生。但新霉素、杆菌肽、磺胺米隆等少数药物除外。

4. 强调综合性治疗措施

应该充分认识机体免疫功能的重要性。当细菌感染伴发免疫力降低时，应采取以下措施：① 尽可能避免应用对免疫有抑制作用的药物，如大剂量甲砜霉素、四环素和复方磺胺等，一般感染不必合用肾上腺皮质激素；② 使用抗生素要及时、足量，尽可能选用杀菌性抗生素；③ 加强饲养管理，改善畜体全身状况。必要时采取纠正水、电解质平衡失调，改善微循环，补充血容量，及使用免疫增强剂或免疫调节剂等措施。

（四）联合用药

多数细菌性感染只需用一种抗菌药物治疗，联合用药仅适用于少数情况，且一般二联即可，三联、四联并无必要。联合应用抗微生物药要有明确的指征。一般用于以下情况。

(1) 单一抗微生物药不能控制的严重感染（如败血症等）或数种细菌的混合感染（如肠穿孔所致的腹膜炎及烧伤或复杂创伤感染等）。对后者可先用一种广谱抗生素，无效时再联合使用。

(2) 较长期用药，细菌容易产生耐药性时。

(3) 毒性较大药物。联合用药可使剂量减少，毒性降低。如两性霉素 B、多黏菌素类与四环素联合，可减少前者用量，从而减轻了不良反应。

(4) 病因不明的严重感染或败血症。应分析病情和感染途径，推测病原菌种类，然后考虑有效的联合应用。如皮肤、口腔或呼吸道感染以金黄葡萄球菌和链球菌的可能性较大；尿路和肠道感染多为大肠杆菌或其他革兰阴性杆菌。对不能确定病原时，则按一般感染的联合用药处理（青霉素＋链霉素）。并同时采取病料，经培养和药敏试验，取得结果后再做调整。

根据抗菌作用特点，可将抗微生物药分为四大类：第一类为繁殖期杀菌剂，如青霉素类、头孢菌素类等；第二类为静止期杀菌剂或慢效杀菌剂，如氨基糖苷类、多肽类等；第三类为快效抑菌剂，如四环素类、氯霉素类、大环内酯类、氟喹诺酮类等；第四类为慢效抑菌剂，如磺胺药。第一类和第二类合用常获得协同作用，是由于细胞壁的完整性被破坏后，第二类药物易于进入细胞所致。第三类与第一类合用，由于第三类迅速阻断细菌的蛋白质合成，使细菌处于静止状态，可导致第一类抗菌活性减弱。第三类与第二类合用可获得累加或协同作用。第三类和第四类合用常可获得累加作用。第四类对第一类的抗菌活性无重要影响，合用后有时可产生累加作用。

应当指出，各种联合所产生的作用，可因不同菌株而异，药物剂量和给药顺序也会影响测定结果。而且这种特定条件下所进行的各项实验与临床的实际情况也有区别。临床联合应用抗菌药物时，其个别剂量一般较大，即使第一类与第三类合用，也很少发生拮抗现象。此外，在联合用药中要注意防止在相互作用中由于理化性质、药效学、药动学等方面的因素，而可能出现的配伍禁忌。为了合理而有效的联合用药，最好在临床治疗前，进行实验室的联合药敏试验，以分级抑菌浓度指数（fractional inhibitor concentration index，FIC）作为试验结果的判断依据。并以此作为临床选用抗微生物药联合治疗的参考。

FIC为抗菌药药效学（PD）参数之一，是两种抗菌药的联合药敏（两种抗菌药同时使用时，可出现协同、颉颃、无关和耐药四种情况）指标。FIC指数的计算：FIC指数＝MIC甲药联用/MIC甲药单用＋MIC乙药联用/MIC乙药单用。

FIC指数判读标准：当FIC≤0.5为协同作用（抗菌活性显著大于各单药抗菌活性之和），0.5～1为相加作用（抗菌活性稍强于任一单药），1～2为无关作用（抗菌活性不受影响），＞2为拮抗作用（抗菌活性被另一种药物削弱）。

（五）猪群免疫抑制的防控

生产中猪病多以数种病原“混合感染”的形式发生，给猪场造成了严重的损失。究其原因主要是养殖过程中存在一些影响机体免疫力的一些因素，引起免疫抑制导致猪群免疫力低下。

1. 引起猪群免疫抑制的原因分析

（1）初乳不足 仔猪未获得足够的母源抗体。

（2）应激因素 过冷、过热、混群、断奶等应激因素抑制机体免疫功能。

（3）病毒性因素 PRRS、PCV-2、SIV、PRV、HCV均可导致免疫抑制。

（4）细菌性因素 猪肺炎支原体、胸膜肺炎放线杆菌、沙门菌、大肠杆菌、猪弓形体、猪附红体、衣原体都能引起免疫功能下降。

(5) 营养不良或过量饲喂 某些维生素（如复合维生素B、维生素C等）和微量元素（如铜、铁、锌、硒等）是免疫器官发育，淋巴细胞分化、增殖，受体表达、活化及合成抗体和补体的必需物质，若缺乏或过多或各成分间搭配不当，会诱发免疫缺陷。

(6) 免疫毒物 霉菌毒素、重金属、杀虫剂或工业化学物质损害免疫系统。

(7) 药物使用不当 使用地塞米松等糖皮质激素类药物或长期滥用四环素类等抗生素，都会导致机体免疫系统受损，造成免疫抑制。

2. 免疫抑制的危害

(1) 疫苗免疫失败 猪群处于免疫抑制状态，直接导致的危害就是疫苗免疫失败。

(2) 猪群抗病力下降 免疫抑制因素的存在，可导致猪群抗病力明显下降，引发一些条件性疾病。如猪群感染猪繁殖与呼吸综合征病毒后继发副猪嗜血杆菌病或传染性胸膜肺炎，而且在免疫抑制状态下，抗菌药对细菌病的治疗效果很差，因为病原菌的清除依赖于机体的免疫系统。

3. 免疫抑制病识别

(1) 临床识别

① 猪群中持续地发生一些条件性疾病，多集中在保育期和育肥前期。

② 病程较长，抗感且治疗效果很差，不少病猪呈恶病质状态（高度消瘦、行动不便、体温异常）。

③ 某些弱毒疫苗接种，如接种PR苗、MH苗、FMD苗诱发呼吸病综合征。

④ 猪群中同期发生多种疾病，如PPA、PRRS、PR、PCV、CSF、巴氏杆菌病、多发性关节炎等。

⑤ 病料中常分离出巴氏杆菌、胸膜肺炎放线杆菌、副猪嗜血

杆菌、致病性链球菌等。

(2) 血清学识别 接种后部分猪的抗体水平达不到理想水平，除了考虑疫苗问题，也要考虑免疫抑制因素的存在。

(3) 特殊识别

① 选择初发病或外表健康猪做总免疫球蛋白测定。

② 淋巴细胞活力测定 T-淋巴细胞转化试验。

(4) 活体试验 选择外观健康的10日龄哺乳仔猪与断奶仔猪，皮下注射卡介苗一头份，40天后，左眼点旧结核菌素1～2滴，并在左颈部皮下注射旧结核菌素1头份。其后3天观察有中度以上眼结膜炎，注射部位明显肿大者为细胞免疫阳性。否则，认为有细胞免疫抑制。

4. 免疫抑制性疾病的防控措施

(1) 加强管理，减少各种不良应激，尤其是猪舍的温度、湿度、通风管理。

(2) 严格控制饲料品质，降低饲料中霉菌毒素的危害，从原料选择到加工储存，以及饲喂过程中输料管道和料槽的卫生管理各环节，都要考虑到如何防止霉变的问题。适当地添加一些吸附剂对控制霉菌毒素也会有一定的作用。

(3) 做好病毒病的免疫接种工作量。疫苗免疫是控制感染性疾病最有效的措施。尤其是一些病毒病，如PRRS、PCV-2、PR、HC、FMD、JB、细小病毒感染等，目前尚无有效的药物控制方法，而疫苗免疫具有很好的预防效果。一些细菌病如副猪嗜血杆菌病、支原体肺炎等也有效果不错的疫苗。

(4) 使用免疫增强剂。免疫期间使用免疫增强剂可以提高免疫效果，尤其在免疫抑制状态下，更能发挥有益的作用。研究发现应用咪唑类化合物如左旋咪唑、甲硝唑、西咪替丁等可以显著提高机体的非特异性免疫能力，从而提高疫苗免疫效果。微量元素硒和维生素E是天然的抗氧化剂，可以防止组织细胞免受过氧化物的损害，保护细胞的完整性。近年来应用较多的益生菌类产品，对改善消化道的菌群结构，控制消化道感染方面有一定的作用。

(5) 合理使用药物。抗菌药物广泛用于控制细菌感染，通常根据猪场的发病规律，在某些时间段应用一定的抗菌药物预防某些细菌病的发生，或者在有发病的情况下用抗菌药控制疾病的蔓延。近年来，存在着滥用抗菌药的问题，应该引起重视。遵守抗菌药应用规范，合理使用抗菌药，才能发挥有益的作用。

(6) 加强消毒。减少或消灭猪场环境中病原微生物。注意消毒药的使用，尤其是带猪消毒时喷雾的雾滴大小，不能用小雾滴带猪消毒，以免引起呼吸道的化学伤害。

附录一：猪的可注射麻醉剂

药物	剂量	途径	发作/min	持续/min
戊巴比妥	10～30mg/kg 45mg/kg	静脉注射(IV) 每只睾丸	1～10 10	15～45 10
硫戊巴比妥	10～20mg/kg	IV	立即	2～10
乙酰丙嗪	0.1～0.5mg/kg	肌内注射(IM)	20～30	30～60
乙酰丙嗪 和氯胺酮	0.4mg/kg 15mg/kg	IM IM	5	15～30
乙酰丙嗪 氯胺酮和 替来他明-唑拉西泮	0.03mg/kg 2.2mg/kg 4.4mg/kg	IM	2～4	40～50
安定和 氯胺酮	1～2mg/kg 10～15mg/kg	IM IM	10	20～40
咪达唑仑和 氯胺酮	0.1～0.5mg 10～15mg/kg	IM	5～10	20～40
氮派酮	2～8mg/kg	IM	5～15	60～120
甲苯噻嗪	0.5～3mg/kg	IM	5	10
甲苯噻嗪和 氯胺酮	2mg/kg 20mg/kg	IM	7～10	20～40
甲苯噻嗪 氯胺酮和呱芬那辛	2.2mg/kg/h	IV	立即	按需要
甲苯噻嗪 氯胺酮和 替来他明-唑拉西泮	4.4mg/kg 2.2mg/kg 4.4mg/kg	IM	1～2	60
氯胺酮 硫戊巴比妥	20mg/kg 6～11mg/kg	IM IV	立即	5～30 60～120
美托咪定 布托啡诺 氯胺酮	80μg/kg 200μg/kg 2mg/kg	IM	1～5	
美托咪定 布托啡诺 氯胺酮	80μg/kg 200μg/kg 10mg/kg	IM	1～5	75～120
甲苯噻嗪 布托啡诺和 氯胺酮	2mg/kg 200μg/kg 10mg/kg	IM	1～5	60～120
异丙酚 芬太尼	11mg/kg/h 2.5mg/kg q30 min	IV IV	立即	连续注射

附录二：抗菌药的临床选用

病原微生物	所致主要疾病	首选药	可选药物
葡萄球菌	化脓创、败血症、呼吸道、消化道感染、心内膜炎、乳腺炎等	青霉素G	红霉素、头孢菌素、林可霉素、复方磺胺、氟喹诺酮
耐青霉素的金葡菌	同上	氨苄等半合成耐青霉素酶青霉素	红霉素、卡那霉素、庆大霉素、林可霉素、阿米卡基、氟喹诺酮
溶血性链球菌	猪链球菌病	青霉素G	红霉素、林可霉素、复方磺胺、氟喹诺酮
化脓性链球菌	化脓创、肺炎、心内膜炎、乳腺炎等	青霉素G	红霉素、阿莫西林、复方磺胺、氟苯尼考
破伤风梭菌	破伤风	青霉素G	甲硝唑、四环素、氟苯尼考
猪丹毒杆菌	猪丹毒	青霉素G	红霉素、多西环素、阿莫西林
魏氏梭菌	仔猪红痢	甲硝唑	青霉素、红霉素、杆菌肽
李氏杆菌	李氏杆菌病	氨苄西林、阿莫西林	青霉素G、多西环素、复方磺胺
大肠杆菌	猪大肠杆菌病	环丙沙星 庆大霉素	其他氟喹、阿米、多黏菌素、复方磺胺、氟苯尼考
沙门菌	猪沙门菌病	阿米、氟苯尼考	氟喹诺酮、庆大霉素、阿莫西林、复方磺胺
绿脓杆菌	烧伤感染、尿道、呼吸道感染、败血症、乳腺炎、脓肿等	多黏菌素B或庆大霉素	羧苄西林、阿米、氟喹诺酮、替米考星
巴氏杆菌	猪肺疫	恩诺沙星	其他氟喹、多西环素、复方磺胺
坏死杆菌	腐蹄病、溃疡、脓肿、乳腺炎、坏死性皮炎、坏死性口炎、坏死性肠炎	复磺、磺胺	多西环素

续表

病原微生物	所致主要疾病	首选药	可选药物
布氏杆菌	布氏杆菌病、流产	多西、氟苯尼考	复方磺胺、恩诺沙星
胸膜肺炎放线杆菌	猪传染性胸膜肺炎	恩诺沙星+磺胺替米考星	阿莫西林、氨苄西林、其他氟喹
副猪嗜血杆菌	肺炎、胸膜炎、多发性关节炎、多发性浆膜炎	替米考星	多西环素、阿莫西林
巴氏杆菌 波氏杆菌	猪传染性萎缩性鼻炎	复磺、多西	氟喹诺酮
猪痢疾短螺旋体	猪痢疾	痢菌净	林可霉素、泰乐菌素、二甲硝咪唑、痢菌净
钩端螺旋体	钩端螺旋体病	青霉素	多西环素、氟苯尼考、链霉素
猪肺炎支原体	猪气喘病	恩诺沙星或替米考星	多西环素、泰乐菌素、林可霉素
衣原体	衣原体病	青霉素	多西环素、红霉素、氟苯尼考
毛癣菌 小孢子菌	皮肤霉菌病	两性霉素B	灰黄霉素、制霉菌素、酮康唑
弓形体	弓形体病	磺胺十二甲氧苄氨嘧啶(TMP)	
胃肠道线虫	线虫病	伊维菌素类	丙硫咪唑、左旋咪唑
螨	猪疥螨	伊维菌素类	拟除虫菊酯、有机磷

附录三：猪场常用药物使用方法

药物名称	给药途径	给药剂量/(mg/kg)	给药方法
磺胺嘧啶	内服	50～60	分两次服用
	饲料添加	1000	
磺胺二甲嘧啶	内服	50～60	分两次服用
	饲料添加	300	
复方磺胺甲基异噁唑	内服	25	2次/日
	饲料添加	500	
复方磺胺对甲氧嘧啶	内服	25	1次/日
	饲料添加	300	

续表

药物名称	给药途径	给药剂量/(mg/kg)	给药方法
复方磺胺间甲氧嘧啶	内服	20～50	1次/日
	饲料添加	300	
磺胺脒	内服	70～100	2～3次/日
	饲料添加	1000	
三甲氧苄氨嘧啶	内服	2～5	分两次服用
复方磺胺嘧啶钠注射液	肌注或静注	20～25	2次/日
复方磺胺对甲氧嘧啶注射液	肌注或静注	20～25	1次/日
复方磺胺间甲氧嘧啶注射液	肌注或静注	20～25	1次/日
呋喃唑酮	内服	10～12	2次/日
	饲料添加	混饲浓度400～600	连用不超过3天
痢菌净	饲料添加	混饲浓度200	连用不超过3天
	注射	2.5	2次/日
环丙沙星	肌注	2.5～5	2次/日
	静注	2	2次/日
恩诺沙星	内服	5～10	2次/日
	肌注	2.5	2次/日
二甲硝咪唑	饲料添加	混饲浓度200～500	
青霉素G钠	肌注	$(1～1.5)\times10^4$U/kg	2次/日
氨苄青霉素	内服	4～14	2次/日
	肌注	2～7	2次/日
头孢噻呋钠	肌注	3～5	1次/日
阿莫西林	内服	10～15	2次/日
	肌注	4～7	2次/日
氨苄西林	内服	20～40	2～3次/日
	肌注	10～20	2～3次/日
红霉素	内服	10～20	2次/日
	肌注或静注	3～5	2次/日
泰乐菌素	肌注	5～10	2次/日
	内服	100	2次/日
	饲料添加	100～200	治疗量
替米考星	饲料添加	200～400	
盐酸林可霉素	内服	10～15	1～2次/日
	饲料添加	200	
	肌注或静注	10	1次/日

续表

药物名称	给药途径	给药剂量/(mg/kg)	给药方法
氯林可霉素	内服和肌注	5～10	1～2次/日
硫酸链霉素	肌注	10	2次/日
	内服	0.5～1g/头	2次/日
硫酸庆大霉素	肌注	(1～1.5)×10^4U/kg	2次/日
	内服	1～1.5	2次/日
硫酸卡那霉素	肌注	10～15	2次/日
	内服	3～6	2次/日
硫酸丁胺卡那霉素	肌注	5～7.5	2次/日
硫酸多黏菌素B	肌注	1日量,1×10^4U/kg	2次/日
	内服	仔猪2000～4000U/kg	2次/日
硫酸多黏菌素E	肌注	1日量,1×10^4U/kg	分2次注射
	内服	(1.5～5)×10^4U/kg	
强力霉素	内服	3～5	
	饲料添加	150～250	
土霉素	饮水添加	混饲浓度100～200	
	饲料添加	混饲浓度300～500	
	肌注或静注	5～10	2次/日
	内服	10～20	3次/日
金霉素	内服	10～20	3次/日
	饲料添加	混饲浓度300～500	
氟苯尼考	内服	10～20	2～3次/日
		混饲浓度100	
	肌注或静注	10～20	1次/日
泰妙菌素	内服	40～100	
	肌注	10～15	1次/日
制霉菌素	内服	50～100×10^4U	3次/日
精制敌百虫	内服	80～100	
噻嘧啶	内服	22	每头不超过2g
	饲料添加	110	
盐酸左旋咪唑	内服	7.5	
	肌注、皮下注射	7.5	
磷酸左旋咪唑	内服	8	
丙硫咪唑	内服	5～10	
苯硫咪唑	内服	5～7.5	
伊维菌素	内服	0.3～0.5	
	皮下注射	0.3	

续表

药物名称	给药途径	给药剂量/(mg/kg)	给药方法
催产素	外阴黏膜下注射	5～10IU,20IU	
PGF(前列腺素)2α	外阴黏膜下注射	10～25	
氯前列醇	外阴黏膜下注射	0.1～0.2	

附录四：猪场常用消毒药的种类及其应用

类别	药名	能杀灭的病原微生物	应用范围	使用方法及注意事项
酚类	复合酚(消灵、菌毒敌、家乐)	细菌、霉菌、病毒、多种寄生虫卵	猪舍、用具、饲养场地和污物消毒	配成1%的水溶液喷洒,用药1次,药效可维持7天
醇类	乙醇(酒精)、苯氧乙醇	细菌繁殖体、对G^-菌,尤其是绿脓杆菌作用强	皮肤和器械消毒,皮肤外伤、烫伤的治疗	配成70%的水溶液浸泡或擦拭,配成2%溶液或乳剂涂擦
醛类	福尔马林(40%的甲醛溶液)	细菌繁殖体、芽孢、真菌、病毒	猪舍熏蒸消毒	关闭门窗,使成密封状态,每立方米用14～30mL福尔马林,加入高锰酸钾7～15g,消毒8～10h,打开门窗,使甲醛气体散尽方可使用。注意人畜不能接触
	多聚甲醛	细菌繁殖体、芽孢,真菌、病毒	猪舍熏蒸消毒	本身无消毒作用,在室温下缓慢解聚放出甲醛消毒,要求室温高于18℃,湿度80%～90%,浓度大于3mg/L,熏蒸
	露它净(宫炎清)	细菌繁殖体、芽孢,真菌、病毒	治疗慢性子宫内膜炎、直肠脱出、烧伤	配成1%～5%的溶液,子宫内冲洗
	戊二醛	作用较甲醛强2～10倍	不易加热的医疗器械、塑料、橡胶等	配成2%溶液应用
酸类	硼酸	抑制细菌繁殖体	用于黏膜、创伤的消毒	配成3%的水溶液冲洗
	水杨酸	细菌繁殖体、真菌	用于治疗皮肤真菌感染	配成5%～10%酒精溶液涂擦皮肤

续表

类别	药名	能杀灭的病原微生物	应用范围	使用方法及注意事项
碱类	氢氧化钠(苛性碱、烧碱)	细菌繁殖体、芽孢、病毒、寄生虫虫卵	猪舍、运输工具、用具、环境和粪便消毒	配成2%～3%的水溶液喷洒,消毒后要用水冲洗干净才能与动物接触
	生石灰(氧化钙)	细菌繁殖体	地面、墙面、粪便消毒	配成10%～20%的石灰乳趁热泼洒,待石灰乳干后方可与动物接触
卤素类	碘酊	细菌繁殖体、芽孢、真菌、病毒	皮肤消毒	2%～5%的碘酊涂擦皮肤
	碘甘油	细菌繁殖体、芽孢、真菌、病毒	黏膜消毒	局部涂擦
	碘仿甘油	细菌繁殖体、芽孢、真菌、病毒	化脓创治疗	局部涂擦
	聚维酮碘	细菌繁殖体、芽孢、真菌、病毒	手术部位、皮肤和黏膜消毒	皮肤消毒配成5%溶液,浸泡0.5%～1%,黏膜及创面冲洗用0.1%溶液
	漂白粉	细菌、芽孢、真菌、病毒	地面、粪便消毒、饮水消毒	配成5%～10%的溶液喷洒地面、粪便、饮水消毒,每吨水加4～8g,注意不能用于金属消毒
	二(三)氯异氰尿酸钠	细菌、芽孢、真菌、病毒	猪舍、粪便消毒、饮水消毒	配成1%～5%的水溶液、浸泡、擦拭及猪舍、粪便消毒,饮水消毒,每吨水加4g,应现配现用,不能用于金属器械的消毒
氧化剂	过氧化氢溶液(双氧水)	细菌繁殖体	黏膜、皮服、创伤消毒	配成1%的水溶液冲洗,局部用药后产生的气泡有利于清除坏死组织
	过氧乙酸(过醋酸)	细菌繁殖体、芽孢、病毒、真菌	用于带动物的猪舍、环境、交通工具,用具等的消毒	配成0.3%～0.5%的水溶液喷洒,应现用现配,对金属有腐蚀作用
	高锰酸钾	细菌繁殖体	皮肤、黏膜消毒、饮水消毒	配成0.1%～0.5%的水溶液洗涤,作皮肤、黏膜消毒,饮水消毒,每100kg饮水加5g

续表

类别	药名	能杀灭的病原微生物	应用范围	使用方法及注意事项
染料类	紫药水(龙胆紫)	G^{+}菌、霉菌	皮肤黏膜消毒	涂擦
	依沙吖啶(利凡诺)	G^{+}菌、少数G^{-}阴性菌	皮肤黏膜消毒	配成0.1%～0.5%的溶液冲洗或湿敷创伤
表面活性剂	新洁尔灭(溴苄烷胺)	细菌繁殖体、真菌	皮肤、黏膜、伤口消毒、器械消毒	配成0.1%的水溶液浸泡、洗涤或冲洗。不能与碘制剂、过氧化物、肥皂配伍
	洗必泰	细菌繁殖体、真菌	皮肤、黏膜、伤口消毒、器械消毒	配成0.1%的水溶液浸泡、洗涤或冲洗。不能与碘制剂、过氧化物、肥皂配伍
	消毒净	细菌繁殖体、真菌	皮肤、黏膜、伤口消毒、器械消毒	配成0.1%的水溶液浸泡、洗涤或冲洗。不能与碘制剂、过氧化物、肥皂配伍
	杜灭芬	细菌繁殖体、真菌	皮肤、黏膜、伤口消毒,器械消毒	配成0.1%的水溶液浸泡、洗涤或冲洗。不能与碘制剂、过氧化物、肥皂配伍
	双链季铵盐类	细菌、真菌	饮水消毒	喷洒、擦拭
复合消毒剂	双链季胺盐/戊二醛	细菌、芽孢、真菌、立克次体、病毒	栏舍、器具等消毒	按说明书推荐浓度使用不能用于带猪消毒

附录五：常用染色方法及染色液的配制

1. 单染色法

(1) 美蓝染色法 在经火焰固定过的标本片上，滴加适量美蓝染色液覆盖涂面，染色2～3min，水洗，晾干或吸水纸轻压吸干镜检，染色后的菌体呈蓝色。

（2）瑞氏染色法 细菌标本片自然干燥后，滴加瑞氏染色液于标本片上以固定标本，1～3min后，再滴加与染色液等量的磷酸盐缓冲液或中性蒸馏水于玻片上，轻轻摇晃使与染色液混合均匀，5min左右水洗，干后镜检，菌体呈蓝色，组织细胞的胞浆将呈红色，细胞核呈蓝色。

（3）姬姆萨染色法 血涂片或组织触片自然干燥后，用甲醇固定3～5min，干燥后在其上滴加足量染色液或将抹片浸入盛有染色液的染缸里，染色30min，或者染色数小时或24h，取出水洗，吸干或烘干，镜检。细菌呈蓝青色，组织细胞浆呈红色，细胞核呈蓝色。

2. 复染色法

（1）革兰染色法

① 在固定好的抹片上，滴加草酸铵结晶紫染色液，染1～3min，水洗。

② 加革兰碘液媒染，作用1～2min，水洗。

③ 加95%酒精脱色约30s至1min，水洗。

④ 加稀释石炭酸复红或沙黄水溶液复染30s左右，水洗，吸干后镜检。

结果：革兰阳性菌呈蓝紫色，革兰阴性菌呈红色。

（2）抗酸染色法

① 初染 用玻片夹夹持涂片标本，滴加石炭酸复红2～3滴，在火焰高处徐徐加热，切勿沸腾，出现蒸汽即暂时离开，若染液蒸发减少，应再加染液，以免干涸，加热3～5min，待标本冷却后用水冲洗。

② 脱色 3%盐酸酒精脱色30s～1min；用水冲洗。

③ 复染 用碱性美兰溶液复染1min，水洗，用吸水纸吸干后用油镜观察。

结果：抗酸菌红色，非抗酸菌蓝色。

3. 特殊染色法

(1) 湿墨水法

① 制菌液　加一滴墨水与玻片上，无菌取细菌与其充分混匀。

② 加盖玻片　放一盖玻片于混合液上，向下轻压，用滤纸吸去多余液体。

镜检，可用高倍镜，菌体较暗，在其周围呈现一明亮的透明圈即为荚膜。

(2) 鞭毛染色法（副品红法或 Leifson 法）　将固定好的细菌标本片上滴加副品红染色液，3min 后用水冲洗，镜检即可见到鞭毛。

(3) 芽孢染色法（改良 Schaeffer-Fulton 染色法）　取一支洁净的小试管，加入 2～3 滴无菌水，再往管中加入 1～2 环的菌苔，制成浓的菌悬液，在菌悬液中加入 2～3 滴 5%孔雀绿溶液，充分混合后于沸水浴中加热染色 15～20min，用接种环取试管底部的菌液于载玻片上，涂薄，过火焰 3 次温热固定，再用自来水冲洗，后用 0.5%番红水溶液复染 2～3min，水洗，自然干燥，油镜观察，芽孢为绿色，菌体为红色。

4. 染色液的配制

(1) 碱性美蓝染色液　甲液　美蓝 0.3g，95%酒精 30mL；乙液　0.01%苛性钾溶液 100mL。

将美蓝放入研钵中，徐徐加入酒精研磨均匀后即为甲液，将甲、乙两液混合，越夜后用滤纸过滤即成。新配制的美蓝染色不好，陈旧的染色好。

(2) 瑞氏染色液　取瑞氏染料 0.1g，纯中性甘油 1mL，在研钵中混合研磨，再加入甲醇 60mL 使其溶解，装入棕色瓶中过夜，次日过滤，盛于棕色瓶中，保存于暗处。保存越久，染色越好。

(3) 姬姆萨染色液

取姬姆萨染料 0.6g 加于甘油 50mL 中，置 55～60℃水浴中

1.5～2h 后，加入甲醇 50mL，静置 1 日以上，滤过即成姬姆萨染色原液。

临染色前，于每毫升蒸馏水中加入上述原液 1 滴，即成姬姆萨染色液。应当注意，所用蒸馏水必须为中性或微碱性，若蒸馏水偏酸，可于每 10mL 左右加入 1%碳酸钾溶液 1 滴，使其变成微碱性。

(4) 革兰染色液

① 草酸铵结晶紫染色液　甲液　结晶紫 2g，95%酒精 20mL；乙液　草酸铵 0.8g，蒸馏水 80mL。

将结晶紫放入研钵中，加酒精研磨均匀为甲液，然后将完全溶解的乙液与甲液混合即成。

② 革兰碘液（又称卢戈碘液）　碘 1g，碘化钾 2g，蒸馏水 300mL。将碘化钾放入研钵中，加入少量蒸馏水使其溶解，再放入已磨碎的碘片徐徐加水，同时充分磨匀，待碘片完全溶解后，把余下的蒸馏水倒入，再装入瓶中。

③ 稀释石炭酸复红溶液　取碱性复红酒精饱和溶液（碱性复红 10g 溶于 95%酒精 100mL 中）1mL 和 5%石炭酸水溶液 9mL 混合，即为石炭酸复红原液。再取复红原液 10mL 和 90mL 蒸馏水混合，即成稀释石炭酸复红溶液。

(5) 抗酸染色液

① 石炭酸复红　碱性复红酒精饱和溶液 10mL，5%石炭酸 90mL。

② 3%盐酸酒精　浓盐酸 3mL，95%酒精 97mL。

③ 碱性（吕氏）美蓝液　美蓝酒精饱和液 30mL，氢氧化钾（1∶10000）100mL。

(6) 鞭毛染色法的染色液　Leifson 方法：染色试剂由 3 种溶液组成，A 为 1.5%NaCl 水溶液，B 为 3%单宁酸水溶液，C 为乙酸副品红 0.9g，碱性副品红 0.3g 溶解于 100mL95%乙醇溶液中。使用时把等体积 A 和 B 混合，然后再加 2 体积 C 与之相混。

参 考 文 献

[1] 赵书广. 中国养猪大成 [M]. 第2版. 北京：中国农业出版社. 2013.
[2] 刘海良主译. [加拿大] 养猪生产 [M]. 北京：中国农业出版社. 1998.
[3] 陈清明，王连纯. 现代养猪生产 [M]. 北京：中国农业大学出版社. 1997.
[4] 程汉. 猪场管理顶岗实习手册 [M]. 北京：中国农业出版社. 2012.
[5] 李同洲. 科学养猪手册 [M]. 北京：中国农业大学出版社. 2006.
[6] 北京新世纪劲能集团生物科技有限公司. 北京六马标准养猪模式——几百个集约化猪场的经验汇集 [M]. 北京：中国农业出版社. 2006.
[7] 曲万文. 现代猪场生产管理实用技术 [M]. 北京：中国农业出版社. 2006.
[8] 修金生. 标准化猪场设计与管理 [M]. 福州：福建科学技术出版社. 2012.
[9] 中华人民共和国国家质量监督检验检疫总局. 中国国家标准化管理委员会. GB/T 17824.3—2008 规模猪场环境参数及环境管理 [Z]. 北京：中国标准出版社. 2008.
[10] 李千军，高荣玲. 规模化猪场生产与经营管理手册 [M]. 北京：中国农业出版社. 2014.
[11] 崔中林. 规模化安全养猪综合新技术 [M]. 北京：中国农业出版社. 2004.
[12] 魏国生. 科学养猪实用技术 [M]. 北京：中国农业出版社. 1998.
[13] 王爱国. 现代实用养猪技术 [M]. 北京：中国农业出版社. 2002.
[14] 苏振环. 科学养猪（修订版）[M]. 北京：金盾出版社. 2008.
[15] 朱宽佑，潘琦. 养猪生产 [M]. 北京：中国农业大学出版社. 2007.
[16] 李立山，张周. 养猪与猪病防治 [M]. 北京：中国农业出版社. 2006.
[17] 王林云. 养猪词典 [M]. 北京：中国农业出版社. 2004.
[18] 李和国. 猪的生产与经营 [M]. 北京：中国农业出版社. 2001.
[19] B.E. 斯特劳，S.D阿莱尔，W.L. 蒙加林等. 猪病学 [M]. 赵德明，张中秋，沈建忠译. 第九版. 北京：中国农业大学出版社. 2007.
[20] 蔡宝祥. 家畜传染病学 [M]. 第3版. 北京：中国农业出版社. 1999.
[21] 陈溥言. 兽医传染病学 [M]. 第5版. 北京：中国农业出版社. 2006.
[22] 宣长和. 猪病学 [M]. 北京：中国农业科技出版社. 2003.
[23] 江乐泽，鄢明华. 猪传染性疾病诊断与防治技术 [M]. 北京：中国农业出版社. 2007.
[24] 林绍荣. 集约化猪场疫病防制 [M]. 广州：广东科技出版社. 2004.
[25] 刘家国，王德云. 猪场疾病控制技术 [M]. 北京：化学工业出版社. 2009.
[26] 刘作华. 猪规模化健康养殖关键技术 [M]. 北京：中国农业出版社. 2009.
[27] 娄高明. 集约化养猪技术与疾病防治 [M]. 长春：吉林科学技术出版社. 1998.
[28] 王建华. 动物中毒病与毒理学 [M]. 西安：天则出版社. 1993.

[29] 王连纯，王楚端，齐志明. 养猪与猪病防治 [M]. 北京：中国农业大学出版社. 2004.
[30] 吴增坚. 养猪场猪病防治 [M]. 北京：金盾出版社. 2008.
[31] 陆承平. 兽医微生物学 [M]. 第4版. 北京：中国农业出版社，2011.
[32] 姚火春. 兽医微生物学实验指导 [M]. 第2版. 北京：中国农业出版社，2012.
[33] 崔治中，朱瑞良. 兽医免疫学实验指导 [M]. 第2版. 北京：中国农业出版社，2014.
[34] 杨汉春. 动物免疫学 [M]. 第2版. 北京：中国农业大学出版社，2011.
[35] 曹雪涛. 医学免疫学 [M]. 第6版. 北京：人民卫生出版社，2013.
[36] 李凡，徐志凯，黄敏等. 医学微生物学 [M]. 第8版. 北京：人民卫生出版社，2013.